基金项目：上海"科技创新行动计划"社会发展科技攻关项目（22dz1203105）

参数化幕墙的实践

上海张江科学会堂表皮解析与建造

王红生　陈志凯　陈　峻　著

U0299805

中国建筑工业出版社

图书在版编目（CIP）数据

参数化幕墙的实践：上海张江科学会堂表皮解析与
建造／王红生，陈志凯，陈峻著. -- 北京：中国建筑
工业出版社，2024.12. -- ISBN 978-7-112-30767-8

Ⅰ. TU227

中国国家版本馆CIP数据核字第2025NX7738号

责任编辑：滕云飞
文字编辑：张建文
责任校对：赵　力

参数化幕墙的实践

上海张江科学会堂表皮解析与建造

王红生　陈志凯　陈　峻　著

*

中国建筑工业出版社出版、发行（北京海淀三里河路9号）

各地新华书店、建筑书店经销

北京锋尚制版有限公司制版

上海安枫印务有限公司印刷

*

开本：787毫米×1092毫米　1/16　印张：12　字数：281千字

2025年1月第一版　　2025年1月第一次印刷

定价：**98.00**元

ISBN 978-7-112-30767-8

　　（43831）

序
PREFACE

在我国城市化发展的进程中，建筑形式也有着巨大的发展和提升，各地建造的大量多姿多彩、美轮美奂的建筑丰富了城市的形象，给人以极大的美感，过目难忘。建筑表皮作为人接触建筑的延续视点，让人印象深刻。当代建筑的表皮不仅是建筑维护体系的一部分，还赋予建筑以多种功能。其几何外形、结构体系、材料选用都越来越复杂，其设计与制造也必须借助数字化的手段才能完成。参数化的表皮设计应运而生。本书介绍的张江科学会堂建筑表皮的设计，就是一次比较成功的实践。

张江科学会堂位于上海张江城市副中心，由法国包赞巴克事务所主持建筑方案设计。建筑外立面主要采用 28559 块、9458 种不同形状、10 种颜色的三角形瓷板拼成不规则的表皮肌理，部分内衬为变截面定制钢。另外由定制钢曲面拱壳作为支撑结构，表皮由三角形玻璃、三角形铝板为基本单元组成的自由曲面幕墙，实现了幕墙表皮与支撑结构合二为一的建筑设计效果。

大面积采用不规则三角形面材以及大面积曲面定制钢结构是该项目的显著特征。如何确保曲面定制钢结构的加工安装精度以及如何确保建筑表皮和支撑结构的空间耦合是工程的主要难点。为此，本项目采用了基于设计软件模型数据库编辑的设计方式，打开各阶段设计软件的数据文件，对数据文件进行格式编辑，保证了几何信息的无损传递；同时，本项目采用了对支撑结构进行三维扫描、点云拟合反向建模，和正向模型比较的方式，根据支撑结构成形几何信息调整表皮几何信息。在这些参数化幕墙建设技术没有成熟的行业经验可以参考的情况下，中铭建设的技术团队会同各方技术反复进行样板测试，相关技术的落实提高了项目的精度，节省造价，节约工期，使项目顺利完工，最终呈现出完美的建筑效果。项目完工后，技术团队对项目上应用的参数化技术进行梳理和总结，在此基础上，形成《参数化幕墙的实践　上海张江科学会堂表皮解析与建造》一书，我相信本书对类似工程的设计和建造者会有很大的参考价值。

2023 年 11 月 8 日于上海

前言
FOREWORD

张江科学会堂项目位于张江城市副中心核心地带,隔河北望"张江药谷",东接上海最高双子塔——张江科学之门,南近城市副中心建筑群和浦东国际人才港,西邻张江人工智能岛,北至川杨河,是目前国内外墙使用异形定制钢和瓷板体量最大的单体建筑,总建筑面积 11.5 万 m²,建筑高度50m,建成后与张江双子塔遥相呼应,共同成为张江区域的地标建筑。建成后的张江科学会堂可以满足张江中高端会议需求,兼顾与会议有关的活动、展览展示、科学教育及各项配套服务功能,助力张江加速建设成为"科学特征明显、科技要素集聚、环境人文生态、充满创新活力"的世界科学城。

该工程最为突出的特点是大面积使用了大跨度的变截面定制钢、双曲面定制钢以及 28900m²、10 种颜色、28559 块、9458 种不同形状的三角形瓷板。

如何减小定制钢结构加工安装过程中焊接变形和施工误差、保证整体外墙板的安装精度、呈现完全的外墙效果、是整个幕墙工程的一个设计施工难点。为此我们多次论证,对比了各种钢结构连接、拼接方案,组织了专家会,节点试验,最终通过转换梁方式,并将花格钢架再次分解组合为大跨度钢架等技术措施,保证结构精度。也解决了瓷板面板利用率和切割效率的问题。F 系统和 S 系统双曲面定制钢幕墙从曲面找形,到零件加工,都是设计与施工的技术挑战。

为了保证方案模型、深化设计、加工安装过程中各个软件几何数据信息的无损传输,我们打通了各个软件的几何数据文件,编辑数据格式,使数据统一。为了控制面材几何尺寸的准确性,我们对已经建好的幕墙曲面钢架通过三维扫描、反向建模、比对调整原有尺寸,保证面板与龙骨的完美配合。

张江科学会堂项目的外围护结构及幕墙方案设计经历了一个曲折而艰辛的历程,其设计实施经验和研究成果,是对于类似大跨度幕墙结构和大面积人造板材设计理念和方法的丰富和补充,希望此书对其他类似工程项目能有一定的参考价值。

本书共 10 章,第 1 章为概述,主要介绍工程背景情况,幕墙建筑设计理念,结构设计的特点及难点。第 2 章为幕墙荷载与作用,简单介绍幕墙结构体系的受力及设计情况,使读者对幕墙的使用环境有所了解。第 3 章~第 8 章主要介绍了本工程主要幕墙系统难点及其设计情况。第 9 章简单介绍了针对各种不同幕墙系统做出的不同清洗方案。第10 章为总结。

在工程施工过程中,我们参与了上海市科委课题《装配式公共建筑新型外围护体系关键技术研究与示范》,与华东建筑设计研究院等单位一起,对本项目的材料性能、加工工艺、安装工艺以及保温性能进行了充分的讨论和研究,对本项目的实施起到了关键性的作用。

本书由王红生负责组织,王红生、陈志凯、陈峻著，叶继、佘建、刘洪岩、杜玉涛、吴双、上官佳洪、曾嵘也为本书的编写做了大量的工作。

张江科学会堂幕墙项目的设计过程中，得到了建设单位上海张江（集团）有限公司大力支持，在项目各个阶段上海张江（集团）有限公司都给予了我们充分的信任，多次组织会议，并参与重要方案讨论和工厂考察，这是本项目取得完美成功的重要保障，在此表示衷心的感谢。

上海建工一建集团项目部多次组织技术会议、主持应商考察、施工方案评审等，为本项目成功奠定了坚实的基础。

法国包赞巴克建筑设计事务所及其幕墙顾问团队完成了幕墙系统的方案及初步设计，在项目的前期做了大量专业性的工作和技术上的探讨，为后续设计和品控提供了建设性意见，在此表示衷心的感谢。

上海建科集团在项目实施的整个过程中提供了一系列的管控意见，使项目质量、进度、安全有了保障措施，在此表示衷心的感谢。

在工程实施过程中，华建集团华东建筑设计研究院有限公司结构总工程师包联进、华建集团华东建筑设计研究院幕墙中心设计总监陈峻、上海机械施工集团有限公司副总工程师夏凉风，几位专家给予了专业的意见和创造性的解决方案，对工程的顺利实施起到了重要的作用，在此表示衷心的感谢。

谨以此书献给为本项目付出过汗水和智慧的单位和个人。

本书介绍的内容引用了法国包赞巴克建筑设计事务所、华东建筑设计研究院有限公司、创羿（上海）建筑工程咨询有限公司在幕墙建筑设计、幕墙结构初步设计、幕墙深化设计中所做的杰出工作，在此一并表示感谢。同时，本书的编写过程中也参考了很多国内外同行的相关资料、图片及论著并尽其所能在参考文献中予以列出，但如有疏漏之处，敬请谅解。

由于作者水平有限，成书时间紧张，书中难免存在不妥之处，请广大读者、同行批评指正、不吝赐教。

目录
CONTENTS

1

CHAPTER

第 1 章

概述

1.1 建筑设计

张江科学会堂（图 1-1）位于上海市张江城市副中心核心地带，东接上海最高双子塔——张江科学之门，南近城市副中心建筑群和浦东国际人才港，西邻张江人工智能岛，北至川杨河，总建筑面积 11.5 万 m²，建筑高度 50m，由 6000m² 主会场，4000m² 多功能厅及 17 个规模不等的会议展示空间模块组成。

张江科学会堂是法国建筑大师克里斯蒂安·德·包赞巴克的设计作品。包赞巴克是首位获得普利兹克奖的法国建筑师。他的设计作品例如巴西里约热内卢的音乐城与纽约的 LMH 大厦，展示了他处理光线、体量与材料的能力，从而以极强的雕塑感成为都市中的地标性建筑。他擅长以空间作为材料，运用消减的手法来处理建筑体量的构成。相较于设计语言，包赞巴克更关注空间内部，着重于以"解构"的方式，寻找新的意义。

让人诗意地在空间里活动，身体和心灵同时得到愉悦和满足，这才是现代建筑存在的理由。张江科学会堂项目中，包赞巴克以阳光、大地、水和空气为设计元素，意在与丰富而复杂的生态系统完美融合，实现与环境和谐共生、与文化跨界共享、与梦想交融共存的目标。

张江科学会堂的主要功能有：主会场、多功能厅、会议室、餐饮服务、展览展示、贵宾接待、辅助配套设施、室外活动场地和地下停车场等。主会场是张江科学会堂的核心部分，可容纳 3000 人，适合举办各种规模和类型的国际性科技论坛、会议、演讲和发布活动。多功能厅是一个灵活的空间，可根据不同的需求进行分隔或组合，可用于举办展览、演出、宴会等活动。会议室分为大、中、小三种规模，可满足不同层级和规模的会议需求。餐饮服务包括中西式餐厅和咖

图 1-1 上海张江科学会堂实景

啡厅，提供优质的餐饮服务和休闲空间。展览展示包括张江永久展厅和临时展厅，展示张江科技园区的发展历史、现状和未来规划，以及各类科技创新成果。贵宾接待包括贵宾休息室和贵宾接待室，提供高端接待服务和私密沟通空间。辅助配套设施包括行政办公区、媒体中心、后勤服务区等，为张江科学会堂的运营和管理提供支持。室外活动场地包括广场、花园、水景等，为张江科学会堂增添了自然美感和生态氛围。

张江科学会堂的设计灵感来源于自然界中的岩石，它以其独特的形态和质感与周围的环境相呼应，同时展现出张江科技园区的创新精神和未来愿景。

张江科学会堂的建筑造型（图 1-2）富有动感和张力，体现了科学的进步和创新的力量。建筑上层架空及大尺度悬挑，使底层空间被释放，强调了空间的穿透性，也同时使得建筑不会成为地面活动的障碍；建筑通过一个简单而纯粹的步行道指向天空，提供了一个互动及科教的平台；上升无止境的建筑形体，代表了科学与知识的上升；在漫步道经过的屋顶铺设了试验性花田，以及供研究创造的空中科学馆。参观者拾级而上穿过一系列充满活力的互动体验空间，整个建筑如同一个巨大的能量发生器。

图 1-2 张江科学会堂实景

1.2 幕墙设计

1.2.1 设计理念

幕墙设计紧密配合包赞巴克的建筑设计理念，体现了大气、简洁的建筑语言。建筑整体分为高区、低区两个体块，幕墙采用了不同的设计方案。高区体块立面由带保温的瓷板构成，瓷板为规则三角形，整体颜色由北部低处的深灰色渐变到南部的米白色，玻璃窗洞穿插于瓷板之间，为室内空间带来自然采光。立面材质及色彩的变化使立面产生颤动的效果。底层体块由超白玻璃围合而成，给人一种白色巨石悬浮其上的错觉。

晴朗的日子，阳光直接从幕墙玻璃倾泻进来。到了晚上，从川杨河北侧望过来，点点灯光与粼粼水面相映成趣。张江科学会堂夜景如图 1-3

图 1-3 张江科学会堂夜景

所示。从颜色来说，整个建筑外墙采用科学与理性的冷色调。但装饰灯光并不炫目，给人一种温暖的力量。整体幕墙设计体现了包赞巴克对形体、色彩、光线的高超把握与运用。

1.2.2　幕墙几何形态

项目高区的瓷板幕墙由 3 万余片形态各异、从墨绿到浅灰的 10 种同色系渐变的三角形瓷板组成。向阳的一面呈现的是近似白色的外墙，与阳光呼应；北面则是墨绿色的瓷板，与川杨河的河水相近，互相融合。一天中的不同时间，或晴或雨的日子，它呈现出不一样的美。令人称绝的是，即使从建筑内部观察，幕墙依然充满美感。这得益于兼顾结构受力和视觉审美的定制钢系统，它既是幕墙龙骨，又是"颜值担当"。

瓷板的颜色体现出看似随机的渐变效果，实则需要在保证三角形尺寸在一定范围内的同时，也要考虑原板尺寸、原板利用率、背栓挂点合理性等因素，如何在这些设计变量中取得一个平衡，是瓷板幕墙设计的关键问题。

在建筑中心通道位置有一座瀑布形幕墙（图 1-4），气势磅礴，身处其中仿佛置身于高山流水之间。瀑布形幕墙是一个由 567 块玻璃与铝板组成的自由曲面幕墙，在三边支撑条件给定的情况下，我们需要找到幕墙精制钢结构受力的最优解，与此同时也要保证外观的优美流畅和较小的加工难度、施工难度。

建筑屋顶的通道上随机布置了三个气泡形幕墙（图 1-5），就像湖面上浮出的气泡，闪耀着

图 1-4　瀑布形幕墙（F 系统）

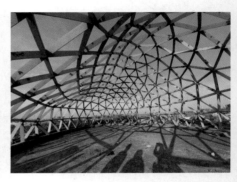

图 1-5　气泡形幕墙内视图（S 系统）

太阳的光芒，富有生命的气息。气泡形幕墙是由三角形玻璃及铝板组成的自由曲面，与瀑布形幕墙相比，曲率更大。为了获得更流畅的曲面和稳定的形态，我们也需要对其面板分格进行研究与调整，在保证加工和安装可行性的基础上，找到一个最优的曲面解决方案。

项目比较有特色的地方是大量使用了三角形元素，用以形成形态各异的曲面造型和拼花效果。如何合理地使用这些三角形元素，在外观美观的前提下实现结构的合理化，就需要我们对大量的曲面形态进行分析、对比和研究。

1.2.3 大跨度曲面定制钢结构

由于公共建筑对大尺寸空间的需求，项目大量使用大跨度曲面定制钢结构，这是此项目最明显的特征，也是定制钢结构设计与施工过程中的难点所在。这些曲面定制钢结构的主要特点如下：

（1）结构跨度大

该工程定制钢结构跨度普遍较大。最大跨度在 A1 系统的会议厅，此处最大横向跨度达 212m，最大竖向跨度达 38m。在强度满足、挠度合理的前提下，实现截面纤细、外观精致、幕墙通透的效果，是定制钢结构设计的重点。因此对于不同的受力体系、结构连接方式的研究是必不可少的。

（2）构件种类多

由于面板尺寸各异，又非横平竖直，而是需要构成复杂的曲面造型，因此导致钢结构构件种类众多。如此多的构件如何实现准确的空间定位，是在定制钢结构施工阶段最大的难题。

（3）异形构件加工难度大

F 系统是瀑布形的超曲面幕墙，S 系统是三个不规则的类椭球面气泡形幕墙，大量超曲面异形钢结构也是本工程的一个特色。如何顺利实现构件加工、龙骨及面板安装，是我们需要关注的重要问题。

（4）焊接应力控制难

A1 系统的钢结构横向整体跨度达 212m，竖向跨度达 38m，连接方式为全焊接。焊接应力、温度应力使得钢结构的精度控制比较困难，应力和变形过大，势必影响后续幕墙铝龙骨及面板的安装精度，必须要有妥善的解决方案。

（5）精度要求高

钢结构精度控制是亟待解决的另一个问题，常规幕墙龙骨和钢结构定位比较容易，基本不影响面板安装，而该工程的超曲面钢架总长度212m，整体焊接的钢结构变形即便是在合理范围之内，也会对幕墙面板产生较大影响。如何消除这个影响是后期需要解决的重要问题。

1.3 幕墙系统分布

张江科学会堂的幕墙总计分为 16 个幕墙系统，主要的幕墙系统有以下 6 种，详见表 1-1，幕墙系统的详细分布详见图 1-6、图 1-7。

表 1-1 张江科学会堂主要幕墙系统

系统编号	别名	系统描述	面积（m²）
A1 系统	—	瓷板＋玻璃＋大跨度变截面定制钢	7500
A2 系统	—	瓷板＋玻璃＋普通钢	17500
C 系统	—	玻璃＋大跨度定制钢	7500

系统编号	别名	系统描述	面积（m²）
F 系统	瀑布形幕墙	玻璃＋铝板＋矩形截面双曲面定制钢	1050
G 系统	拉伸网吊顶	拉伸网	6100
S 系统	气泡形幕墙	玻璃＋铝板＋A 形截面双曲面定制钢	1080

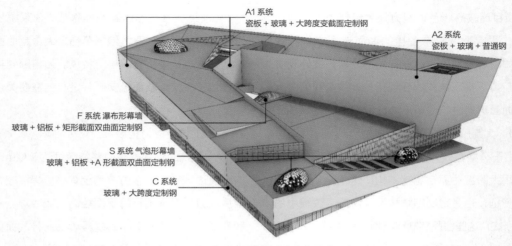

图 1-6 幕墙系统分布图（一）

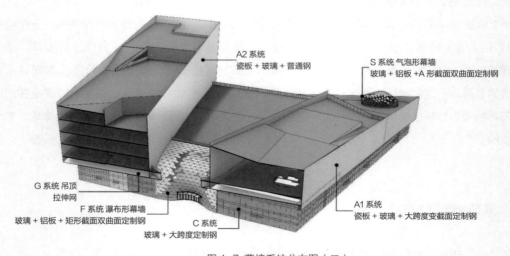

图 1-7 幕墙系统分布图（二）

1.4 幕墙设计及施工挑战

张江科学会堂幕墙工程的支撑结构大多为大跨度钢结构，且多数为不规则杆件，导致在施工时需要增加临时支撑，且结构跨度很大，容易出现很大的累积误差。这些不确定因素会导致幕墙的加工、安装难度变大，这些是幕墙设计与施工过程中需要解决的难点。

1.4.1 非标异形钢截面定制难

工程中的定制钢截面非常丰富，有恒定矩形截面、变截面矩形截面、A 字形截面。不同截面对应不同的加工工艺和安装方式，需要钢件铣刀雕刻、刨槽折弯、钢板热弯、焊接打磨等工艺进行组合，以实现最终目标。我们针对不同的系统，在省时、省力、省钱且外观效果和质量不打折扣的原则上，做出相应的方案来实现需求的效果。

1.4.2 面板尺寸种类多

幕墙面板最大的特色是尺寸种类较多。整个项目幕墙瓷板有 28559 块，优化合并为 9458 种板形，而玻璃面板有 1800 块，合并后约有 1200 种板形。同时板块的布孔、副框、角度均不相同，这带来了工艺图出图工作量巨大、安装难度同样巨大的问题。设计中需要做的工作是对面板进行优化，减少种类，提升加工和安装工作效率。另外，提升面板利用率也是降低工程成本的一个重要手段。

1.4.3 影响钢结构偏差因素多

（1）结构跨度大，最大竖向跨度达 38m，水平跨度达 213m。结构跨度越大，误差越容易积累，对温度荷载也越敏感。

（2）非标异形钢架定位困难，对于加工、安装、复核各环节都是一个巨大的挑战。

（3）昼夜温差大。根据现行地方标准《建筑幕墙工程技术标准》DG/TJ 08-56，上海市的基本气温为 -4 ～ 36℃，温差达 40℃，对钢结构影响较大，不容忽视。

因此需要结合实际情况，通过合理的定位、安装和连接方式，来消除这些不利因素的影响。

1.4.4 曲面玻璃飞边尺寸难确定

曲面造型幕墙的玻璃与副框的组合厚 83mm，相邻面板的夹角会直接影响玻璃面板飞边和副框飞边的尺寸，不同角度飞边的尺寸也会各不相同，因此理论上每一块板的每一条边的飞边尺寸均不相同。面板如何设计才能适应各种角度的变化，快速生成工艺图也是一个棘手的问题。

1.4.5 花格施工难度大

项目幕墙花格覆盖整个立面，跨度最大的钢结构由 5.453m×5.688m 的花格单元旋转组合而成，小于立面的跨度，导致定位、吊装、拼接都存在不小的难度。如何利用花格单元的特点，实现定制钢系统安装便利、精度可靠、成本最低，是需要解决的难点之一，也决定了后续面板安装的精度和便利性。

幕墙团队通过精准分析、精细设计、精心施工，克服了大量的困难，最终项目幕墙高质量、高效率地顺利完成，实现了包赞巴克的设计构想，为张江城市中心的新地标——张江科学会堂顺利建成做出了贡献！

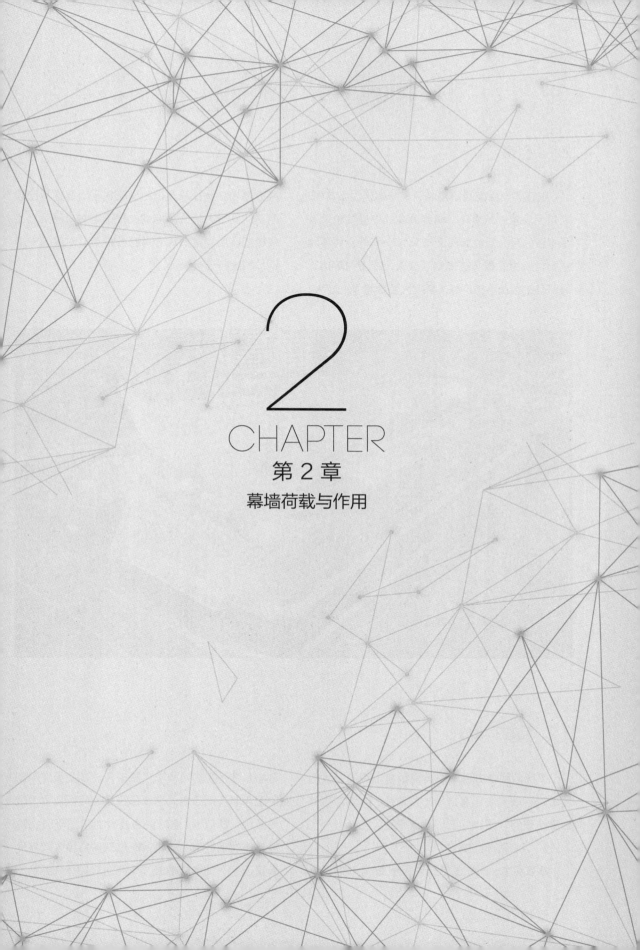

2

CHAPTER

第 2 章

幕墙荷载与作用

2.1　引言

　　张江科学会堂建筑幕墙包裹着建筑立面四周，竖向上呈螺旋状变化。螺旋升高的内庭院中设有瀑布形的采光顶，如图 2-1 所示。其外立面幕墙主要材质为瓷板与玻璃相互嵌入，或者纯玻璃，局部有铝板及不锈钢板。幕墙大多数跨度比较大，

导致幕墙结构比较重，因而受水平地震作用比较明显。同时大幅面幕墙的支撑钢结构对温度也比较敏感，所以需要综合考虑各种荷载对幕墙支撑钢结构进行分析。

图 2-1　张江科学会堂航拍图片

2.2　自重荷载

　　项目幕墙中主要系统为瓷板幕墙系统、大跨度玻璃幕墙系统、瀑布采光顶系统。本章节中对自重荷载的介绍以此三种幕墙系统为主。

2.2.1　A1 系统自重

　　外立面 A1 系统主要是瓷板＋玻璃＋钢框架

幕墙系统（室内可视）。瓷板及玻璃面板在局部位置为非规则布置，且此系统玻璃面板位置为透明区域，所以 A1 系统的主龙骨为沿面板分格焊接整体的钢框架。钢框架通过三角斜撑或转接件直接连接于主体结构上，焊接钢框架每个竖剖上

均有三或四个支撑点。

该系统中玻璃面板为明框 + 结构胶连接，瓷板为背栓连接。明框玻璃面板：（6+1.9PVB+8）LOW-E 超白半钢化玻璃 +12Ar+8 超白半钢化玻璃；自重取 0.675kPa；连接构造如图 2-2 所示。瓷板：15 厚瓷板；自重取 0.4kPa；连接构造如图 2-3 所示。网格框架钢龙骨自重取 0.6kPa。[①]

2.2.2　A2 系统自重

A2 系统结构形式与 A1 系统不同。A2 系统幕墙后面为实体墙，无室内视觉效果要求，所以

A2 系统为以简支梁为主的支撑龙骨体系。此系统面板为瓷板及玻璃面板。

该系统中瓷板：15 厚瓷板背衬防坠落玻璃纤维网，自重取 0.4kPa，连接构造如图 2-4 所示。大面窗洞玻璃：（6+1.14PVB+6）LOW-E 超白半钢化玻璃 +12Ar+8 超白半钢化玻璃，自重取 0.614kPa，连接构造如图 2-5 所示。支撑钢龙骨自重取 0.5kPa。

2.2.3　C 系统自重

C 系统为框式玻璃幕墙，其玻璃配置为：（8+

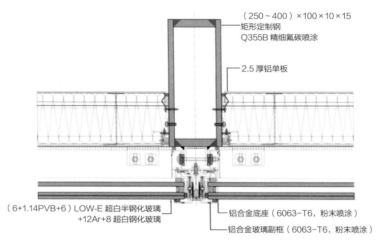

（250～400）×100×10×15
矩形定制钢
Q355B 精细氟碳喷涂

2.5 厚铝单板

（6+1.14PVB+6）LOW-E 超白半钢化玻璃
+12Ar+8 超白半钢化玻璃

铝合金底座（6063-T6，粉末喷涂）

铝合金玻璃副框（6063-T6，粉末喷涂）

图 2-2　A1 系统明框玻璃面板连接构造

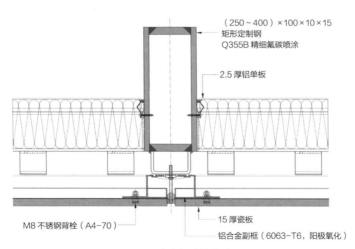

（250～400）×100×10×15
矩形定制钢
Q355B 精细氟碳喷涂

2.5 厚铝单板

M8 不锈钢背栓（A4-70）

15 厚瓷板

铝合金副框（6063-T6，阳极氧化）

图 2-3　A1 系统瓷板连接构造

---

① 此处因各材料尺寸不详，故取用面荷载单位 kPa。

1.9PVB+8)LOW-E 超白半钢化玻璃 +12Ar+（8+1.9PVB+8）超白半钢化玻璃，自重取 0.8192kPa。

C1 系统：立柱通长，为简支梁，立柱截面为矩形管 FT320×150×10×40，材质 Q355B，布置间距 2.3m。立柱截面自重均布荷载为 G_{kc}=0.5735kPa，玻璃自重标准值为 G_{kg}= 0.8192kPa，则计算立柱时结构自重标准值取为 G_k=1.2×（0.5735+0.8192）= 1.6712kPa；

C2 系统：立柱为双跨连续梁，立柱截面为矩形管 FT320×100×10×10，材质 Q355，布置间距 2.3m。立柱截面自重均布荷载为 G_{kc}=0.273kPa，玻璃自重标准值为 G_{kg}=0.8192kPa，则计算立柱时结构自重标准值取为 G_k=1.2×

（0.273+0.8192）=1.3106kPa；

C3 系统：立柱为单跨简支梁，立柱为铝型材。因自重较小，计算立柱时结构自重标准值取 G_k=1.10kPa。

C 系统框式玻璃幕墙连接构造如图 2-6 所示。

2.2.4　F 系统自重

F 系统为瀑布采光顶系统，其上面板主要为玻璃及铝板。玻璃配置为：（6+1.14PVB+6）LOW-E 超白钢化 +12Ar+（6+1.14PVB+6）超白半钢化玻璃。根据玻璃及铝板的面积占比，综合取其面板自重为 0.50kPa。采光顶的主要重量来自网格状框架钢结构，由软件分析时自动计算。其节点主要构造如图 2-7 及图 2-8 所示。

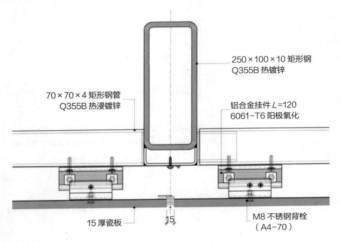

图 2-4　A2 系统瓷板连接构造

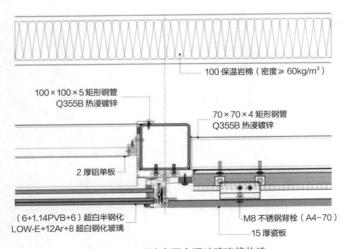

图 2-5　A2 系统大面窗洞玻璃连接构造

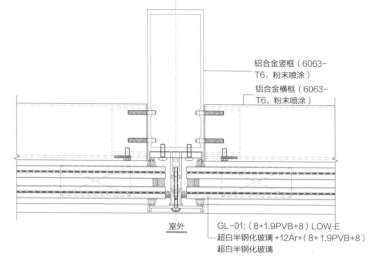

铝合金竖框（6063-
T6，粉末喷涂）

铝合金横框（6063-
T6，粉末喷涂）

室外

GL-01:（8+1.9PVB+8）LOW-E
超白半钢化玻璃+12Ar+（8+1.9PVB+8）
超白半钢化玻璃

图 2-6 C 系统框式玻璃幕墙玻璃连接构造

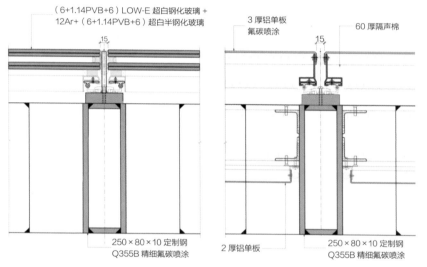

（6+1.14PVB+6）LOW-E 超白钢化玻璃 +
12Ar+（6+1.14PVB+6）超白半钢化玻璃

3 厚铝单板
氟碳喷涂

60 厚隔声棉

250×80×10 定制钢
Q355B 精细氟碳喷涂

2 厚铝单板

250×80×10 定制钢
Q355B 精细氟碳喷涂

图 2-7 F 系统玻璃及铝板连接构造

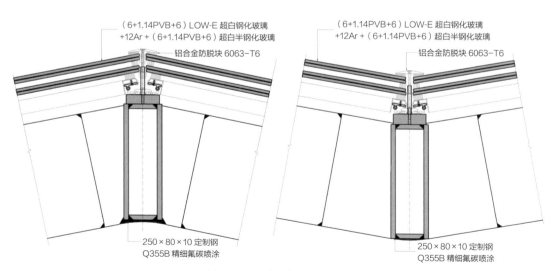

（6+1.14PVB+6）LOW-E 超白钢化玻璃
+12Ar +（6+1.14PVB+6）超白半钢化玻璃

铝合金防脱块 6063-T6

（6+1.14PVB+6）LOW-E 超白钢化玻璃
+12Ar +（6+1.14PVB+6）超白半钢化玻璃

铝合金防脱块 6063-T6

250×80×10 定制钢
Q355B 精细氟碳喷涂

250×80×10 定制钢
Q355B 精细氟碳喷涂

图 2-8 F 系统阳角及阴角构造

2.3 水平地震作用

建筑有很多大跨及异形曲面钢框架结构，其水平地震影响不可忽视。此处以 A1 系统的网格框架结构为例介绍该项目的抗震设计。

网格框架结构连接于主体结构上，从竖向剖面可知其可视为连续梁。外挂于主体结构的曲面幕墙钢框架结构受地震作用影响较大，而且其跨度及幅面大，不适合用简化方法计算。设计中分别按照振型分解反应谱法、围护结构简化计算法

计算地震作用力，并取支座反力数值较大的方法参与后续结构荷载组合计算。

2.3.1 振型分解反应谱法

因结构支撑在竖向方向相当于连续梁，支座较多。当取 100 ~ 200 阶振型时，其累积振型质量参与系数基本保持在 0.81 不变，如表 2-1 所示，继续增加振型很难使得振型质量参与系数达到 90% 以上。因此取 200 个振型参与反应谱法计算。

表 2-1　累积振型质量参与系数

项目	振型	周期 /s	X 向位移	Y 向位移	Z 向位移	X 向累积质量参与系数	Y 向累积质量参与系数	Z 向累积质量参与系数
MODAL	196	28/589	7.0E-04	4.6E-06	1.4E-04	0.81	0.62	0.44
MODAL	197	41/866	1.1E-05	1.4E-06	1.6E-07	0.81	0.62	0.44
MODAL	198	7/148	5.0E-05	1.4E-05	2.7E-04	0.81	0.62	0.44
MODAL	199	30/637	8.1E-04	4.9E-05	5.8E-03	0.81	0.62	0.45
MODAL	200	37/790	9.0E-06	6.6E-05	5.2E-04	0.81	0.62	0.45

2.3.2 围护结构简化计算法

围护结构地震作用静力计算方法参考现行地方标准《建筑幕墙工程技术标准》DG/TJ 08-56 中 10.2.6 条。

垂直于幕墙面的均布水平地震作用标准值可按式（2-1）计算：

$$q_{Ek} = \beta_E \alpha_{max} G_k \qquad (2-1)$$

式中：q_{Ek}——垂直于幕墙面的均布水平地震作用标准值（kPa）；

β_E——动力放大系数，可取 5.0；

α_{max}——水平地震影响系数最大值，上海地区抗震设防烈度 7 度可取 0.08；

G_k——幕墙面板和框架的重力面荷载标准值（kPa）。

即取 $q_{Ek}=0.4G_k$，计算水平地震作用。

振型分解反应谱法与围护结构简化法计算地震支座反力对比如表 2-2 所示。按照围护结构静力计算水平地震作用的支座反力：Q_{Ekx-ST} 为 X 向水平地震，Q_{Eky-ST} 为 Y 向水平地震。按照反应谱法计算水平地震作用的支座反力：Q_{Ekx-RS} 为 X 向水平地震，Q_{Eky-RS} 为 Y 向水平地震。进行对比结果为：

$Q_{Ekx-ST}=2529.3kN > Q_{Ekx-RS}=208.5kN$；

$Q_{Eky-ST}=2529.3kN > Q_{Eky-RS}=106.7kN$；

所以，按照围护结构简化方法计算水平地震作用的支座反力均大于反应谱法计算地震作用的支座反力。偏保守地取围护结构水平地震作用静力计算方法，用于后续整体计算。

表 2-2 支座反力对比

输出项	类别	X 向反力（kN）	Y 向反力（kN）	Z 向反力（kN）
Q_{Ekx-ST}	LinStatic	2529.3	0	0
Q_{Eky-ST}	LinStatic	0	−2529.3	0
Q_{Ekx-RS}	LinRespSpec	208.5	19.8	3.6
Q_{Eky-RS}	LinRespSpec	19.8	106.7	50

2.4 风荷载

风荷载按照现行国家标准《建筑结构荷载规范》GB 50009 相关要求进行计算，面板计算体型系数取 1.6。面板支撑框架结构计算时，按照受荷面积进行折减。

2.5 温度荷载

幕墙龙骨与主体结构均为钢结构，理论上其在相同温度作用下没有相对变形。混凝土楼板与幕墙结构有相对变形，所以保守地取主体结构为混凝土结构计算温度作用相对变形。按现行地方标准《建筑幕墙工程技术规范》DG/TJJ 08-56，幕墙支撑结构需要考虑温度作用时，上海地区按照 ΔT=40℃计算。混凝土热膨胀系数 α_1=1.0×10^{-5}，钢材热膨胀系数 α_2=1.2×10^{-5}。

混凝土变形：$\Delta T \times \alpha_1$　钢材变形：$\Delta T \times \alpha_2$

混凝土与钢相对变形：$\Delta T \times \alpha_2 - \Delta T \times \alpha_1 = \Delta T \times (\alpha_2 - \alpha_1) = 1/6 \times \Delta T \times \alpha_2$

所以钢结构与混凝土在温差下相对变形量是钢结构绝对变形量的 1/6。

取温差 40℃时，钢结构与主体结构相对变形等于钢结构绝对变形的对应温差为 1/6×40=6.7℃，考虑到房间室内外温度有不同，实际计算依据龙骨变温工况取温差值为 10℃。

2.6 主体结构变形

由于各种因素的影响，建筑物在施工和使用过程中，都会发生不同程度的沉降与变形。所谓变形是指建（构）筑物在建设和使用过程中，没能保持原有设计形状、位置或大小，或是建（构）筑引起周围地表及其附属物发生变化的现象。建（构）筑物变形的量——变形量，通常指建（构）筑物的沉降、倾斜、位移、弯曲以及由此可能产生的裂缝、挠曲、扭转等。对于不同的建（构）筑物，其允许的变形量大小不同。在一定限度之内，变形可认为是正常的现象，但如果变形量超过了建（构）筑物结构的允许限度，就会影响建（构）筑物的正常使用，或者预示建（构）筑物的使用环境产生了某种不正常的变化。当变形严重时，将会危及建（构）筑物的安全。因此，为确保建（构）筑物的安全和正常使用，在建（构）筑物的施工和使用过程中需进行变形监测。此处以 A1 系统为例说明。

A1 系统因室内空间的需要，挂载网格框架的主体结构梁均为悬挑梁，在荷载下竖向变形较大，所以网格框架支座需要适应主体结构的竖向变形。根据变形量的值，采用竖向长圆孔，将支座设计成竖向变形能力为正负 20mm 的滑移支座，如图 2-9 所示。

通过支座构造变形能力，使网格框架结构面

内的水平向与竖向均能有一定的变形伸缩能力，避免网格框架因主体结构变形而受到额外的荷载作用。

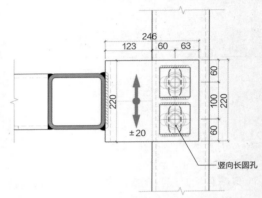

图 2-9 竖向变形能力为正负 20mm 的滑移支座

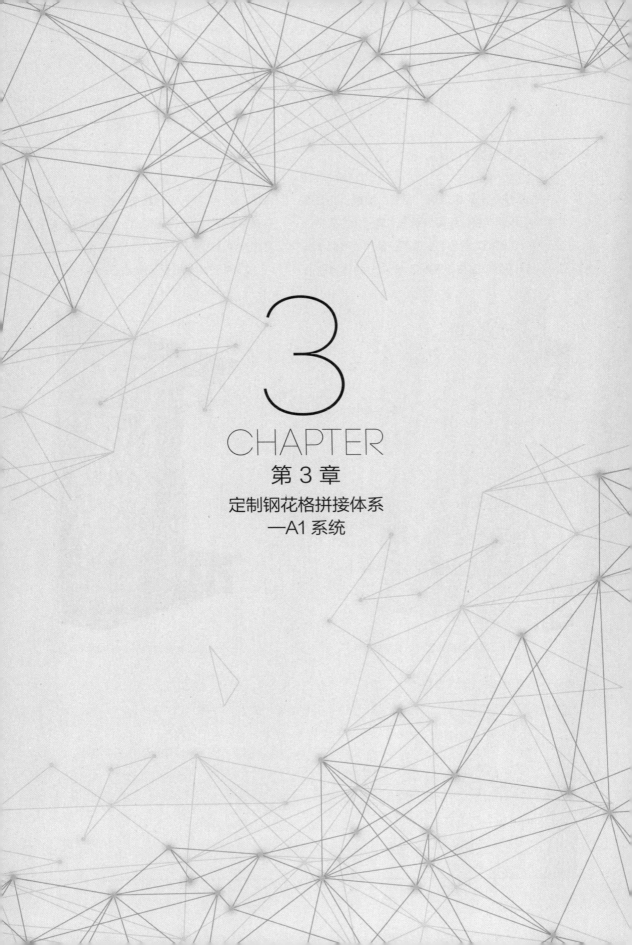

3

CHAPTER

第 3 章

定制钢花格拼接体系
—A1 系统

3.1 A1 系统介绍

A1 系统是主要由玻璃、瓷板、铝板、变截面定制钢组成的花格框架幕墙系统。其龙骨主要特色在于所有定制钢龙骨均为变截面，使用标准钢节点连接。A1 系统在室内不可视区域是采用 A2 系统的做法，A1 系统和 A2 系统交接处的转换梁系统，也是该系统的特色和难点。A1 系统明框玻璃及瓷板幕墙外观、内视图分别如图 3-1、图 3-2 所示。

A1 系统的主要配置如表 3-1 所示。

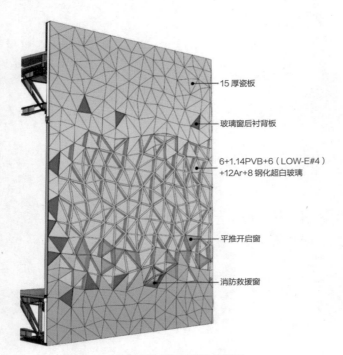

15 厚瓷板

玻璃窗后衬背板

6+1.14PVB+6（LOW-E#4）+12Ar+8 钢化超白玻璃

平推开启窗

消防救援窗

图 3-1 A1 明框玻璃及瓷板幕墙外视图

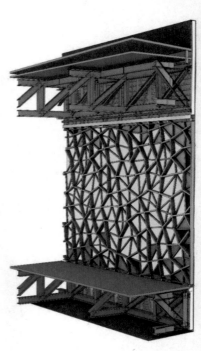

图 3-2 A1 明框玻璃及瓷板幕墙内视图

表 3-1　A1 系统的主要配置表

最大标高	49.900m
分格及尺寸	三角形分格，最大玻璃尺寸 2160×1257×1757
室外面材	◆ 大面：6＋1.14PVB＋6（LOW-E#4）＋12Ar＋8 超白钢化玻璃； ◆ 消防应急击碎窗：8（LOW-E#2）＋12Ar＋8 超白钢化玻璃； ◆ 外平开门：8（LOW-E#2）＋12Ar＋8 超白钢化玻璃； ◆15 厚瓷板，背衬防坠落玻璃纤维网
面材固定形式	1. 玻璃面板全明框边支撑； 2. 15 厚瓷板采用 M8 不锈钢背栓连接，每块瓷板背栓数量 ≥ 3 颗
支撑主龙骨	100 宽 ×（250～400）高 ×10 厚变截面定制钢通，材质 Q355B
受力形式	吊挂式

A1 系统的幕墙支撑结构有别于常规玻璃幕墙，立面主要由三角形的瓷板和玻璃组成。我们需要由三角形组成的，尺寸大小和角度随机排布的效果，同时要保证钢结构的规律性和易加工性，因此引入了单元花格的概念，将不规则三角形网格系统通过模块化设计，采用一个基本单元旋转 0°、90°、180°、270° 形成四个标准单元模块，通过不断重复形成随机效果。

张江科学会堂幕墙总计使用了约 1200t 定制钢，其中 A1 系统使用定制钢约 540t，主要是由变截面矩形定制钢和少量恒定截面钢管组成。截面宽度均为 100mm，而截面深度在 80～400mm 变化。A1 系统的幕墙支撑龙骨既要满足结构安全，也要兼顾室内装饰效果，实现了三角形样式和龙骨高度的随机变化，从而形成富有韵律的建筑外表面，如图 3-3 所示。

瓷板通过背栓与铝副框相连，然后以压块固定于幕墙龙骨上。花格龙骨相互焊接为整体，再焊接花格龙骨后侧边的水平横梁挂载于主体结构上。玻璃面板则采用隐框做法，为保证玻璃面板连接可靠，增加外侧扣盖与副框机械固定。A1 系统明框玻璃面板、瓷板连接构造如图 3-4 及图 3-5 所示。

图 3-3 明框玻璃及瓷板幕墙室内实景

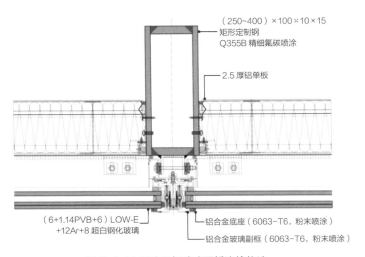

（250~400）×100×10×15
矩形定制钢
Q355B 精细氟碳喷涂

2.5 厚铝单板

（6+1.14PVB+6）LOW-E
+12Ar+8 超白钢化玻璃

铝合金底座（6063-T6，粉末喷涂）

铝合金玻璃副框（6063-T6，粉末喷涂）

图 3-4 A1 系统明框玻璃面板连接构造

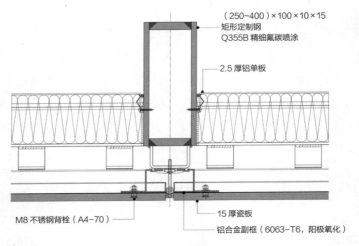

（250~400）×100×10×15
矩形定制钢
Q355B 精细氟碳喷涂

2.5 厚铝单板

15 厚瓷板

铝合金副框（6063-T6，阳极氧化）

M8 不锈钢背栓（A4-70）

图 3-5 A1 系统瓷板连接构造

3.2 A1 系统支座连接

A1 系统的钢架整体挂载于主体结构上，一侧长 155m，一侧长 57m，所有支座在幕墙面内均释放侧向变形。A1 系统各部位剖面图如图 3-6 所示，从剖面图上可以看到，结构可视为上下均有支座的吊挂连续梁。

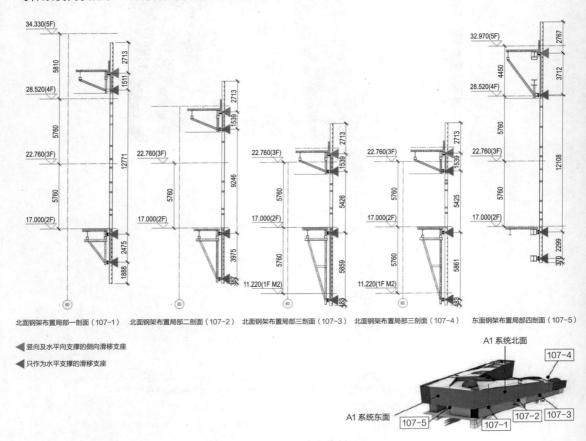

北面钢架布置局部一剖面（107-1）　北面钢架布置局部二剖面（107-2）　北面钢架布置局部三剖面（107-3）　北面钢架布置局部三剖面（107-4）　东面钢架布置局部四剖面（107-5）

◀ 竖向及水平向支撑的侧向滑移支座

◀ 只作为水平支撑的滑移支座

图 3-6 A1 系统各部位剖面

3.3 花格几何样式

花格体系主要应用于 A1 系统，是张江科学会堂外立面主要玻璃幕墙系统之一，位于本项目东立面、北立面二～五层。其外侧安装过程图如图 3-7 所示。

花格的基础单元由 34 个三角形组成，所有面板均为不规则三角形造型，单元尺寸5.453m×5.688m。基础单元绕右下方角点分别旋转 0°、90°、180°、270°，从而形成一个由四个基础单元组成的标准花格，然后分别上下左右复制，形成了不规则三角形组成的花格造型。花格基础单元和标准单元如图 3-8、图 3-9 所示。

支撑钢结构在室内可视区域采用变截面定制钢，截面高度有 80mm、250mm、300mm、350mm、400mm，5 个尺寸互相组合而成，从而形成错落有致的室内立面效果。A1 系统变截面定制钢加工图、室内可视区变截面龙骨示意图如图 3-10 及图 3-11 所示。

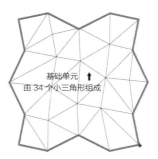

图 3-8 花格基础单元

图 3-7 A1 系统花格体系外侧安装过程图

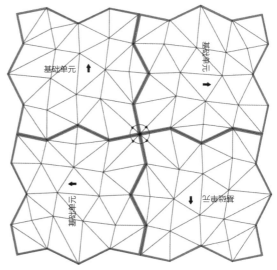

图 3-9 花格标准单元

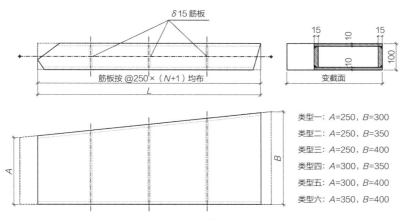

类型一：A=250，B=300
类型二：A=250，B=350
类型三：A=250，B=400
类型四：A=300，B=350
类型五：A=300，B=400
类型六：A=350，B=400

图 3-10 A1 系统变截面定制钢加工图

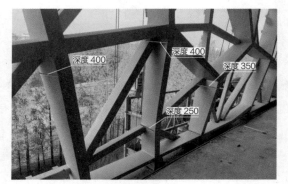

图 3-11 A1 系统室内可视区变截面龙骨示意图

3.4 花格定制钢结构整体设计思路

本节介绍花格钢架的基本构思，其中花格钢架分区示意图如图 3-12 所示。

A1 系统原比选方案的可视区域与不可视区域全部为花格钢架造型，不同的是可视区域为变截面龙骨，不可视区域为固定截面龙骨。

3.4.1 结构体系

焊接花格钢架结构可视为面内刚度较大的整板，通过其后连接的四根贯通钢梁，挂载于主体结构上。贯通钢梁通过间距为 3m 的转接支座固

定在主体结构梁侧或三角撑上。从典型剖面图可知其支撑形式为上端吊挂的四支点连续梁。

优点：从上到下均为焊接框架结构，整体性较好。

缺点：在非透明区域，拼接焊接不方便操作，钢架背后的焊缝不能焊接。

贯通钢梁固定支座与花格框架没有固定关系，有固定支座与框架节点相交的情况，支座不方便安装。本系统中大量的网格钢架为定制钢，

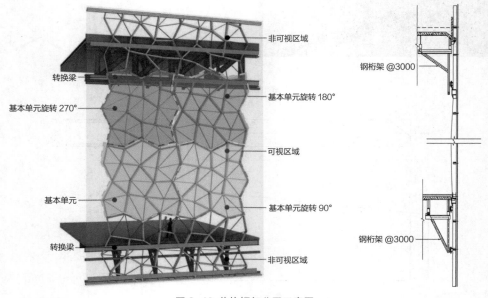

图 3-12 花格钢架分区示意图

成本较高，因此我们考虑对不可视部分的定制钢框架进行优化。

3.4.2　方案分析与深化

有鉴于此，在不影响外观的前提下，把不可视区域改为普通竖框钢管有序连接的形式，竖框与花格钢架之间通过横向的贯通钢梁转接。竖框龙骨之间以斜撑连接，目的是保证不可视区竖框钢架在平面内有足够刚度，能够与花格钢架构成整体，保证共同侧向变形。可视区域与不可视区域转换梁连接方案如图 3-13 所示。

综上，确定最终方案如下：竖框矩通与网格钢架在贯通梁位置交会，竖框矩通与花格钢架主受力杆件对应布置。可视区域高度大于9m 范围，竖框矩通、花格钢架与贯通梁连接按刚接设计，以加劲板及腋板进行加强；可视区域高度小于9m

范围，花格钢架自身面外刚度足够，贯通钢梁位置杆件连接可以按照铰接计算，节点构造不变。转换钢梁做法方案及试验校核如图 3-14 所示。

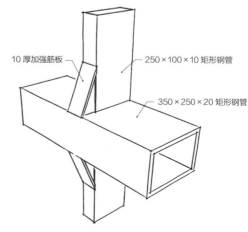

图 3-13 可视区域与不可视区域转换梁连接方案

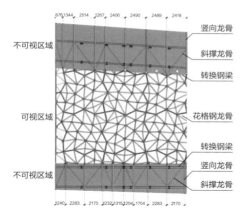

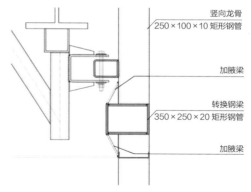

图 3-14 转换钢梁做法方案及试验校核

3.5　贯通转换梁节点设计及试验研究

矩形管相贯连接节点在钢结构应用中比较常见，不同的构造措施使其刚度及承载力均有不同。简单的节点能很快判断节点的刚接性能，复杂的节点则无法直观判断。对于比较重要的连接节点，除了计算分析以外，还应与试验进行对比研究。对 A1 系统的网格框架结构节点，我们通

过相贯矩形管节点计算分析与试验对比，综合考虑承载力、造价及加工等方面，最终选定更合理的节点形式。

张江科学会堂 A1 系统网格框架结构，原设计立面上全部为矩形管焊接成的整体网格状结构。其目的之一是方便挂载室外不规则瓷板；

另一个目的是室内能看到不规则网格框架的视觉效果。而对于室内层间的不可视区域，则没有网格状效果的要求。网格框架杆件为变截面定制钢，既需要满足结构承载力需求，又要获得精致的外观效果，工艺要求较高，相应的施工周期比较长，同时其造价是一般焊接钢架的6倍左右。所以，为了降低造价及简化施工，把不可视区域定制钢网格框架龙骨用一般焊接矩形管和通用矩形管代替是经济合理的选择。

按此优化时，为了方便不可视区域的一般矩通与可视区域的定制钢连接，在可视区域与不可视区域交界处以贯通梁作为转接，原方案与优化方案龙骨布置对比如图 3-15 所示，定制钢与一般矩通均焊接于转换钢梁上。

对于转换梁，下侧是不规则的网格框架与其连接，上侧有竖直框架与其连接。上下两侧不同的力交会于贯通梁位置，使贯通梁横截面上既有剪力又有弯矩。此时因构造特殊，无法直观地判断矩形管交会于贯通梁位置能否有效地传递弯矩及剪力。所以，需要通过计算分析判断其是否为刚性连接，及其承载力是否满足要求。转换梁连接示意图如图 3-16 所示。

节点连接通常可以分为三类：铰接连接、半刚性连接、刚性连接。其中铰接连接节点只能承受杆件传递的剪力和少量弯矩；半刚性连接节点可以承受杆件传递的剪力和部分弯矩；刚性连接节点可以承受杆件传递的剪力和全部弯矩。

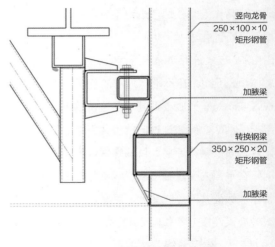

图 3-16 转换梁连接示意图

对于刚性连接的定义，美国的容许应力设计（ASD）规范（AISC，1989）定义为：假设梁与柱的连接有足够刚性，能保持相交杆件之间原有角度不变，可用于弹性结构分析。我国现行国家标准《钢结构设计标准》GB 50017 第 5.1.4 条规定：框架结构的梁柱连接宜采用刚接或铰接。梁柱采用半刚性连接时，应计入梁柱交角变化的影响，在内力分析时，应假定连接的弯矩－转角曲线，并在节点设计时，保证节点的构造与假定的弯矩－转角曲线符合。由此可见节点刚度是根据连接节点的弯矩－转角特性进行判断的。

实际钢结构连接节点的 $M-\Phi$ 曲线在加载时都是非线性的，但曲线的初始部分非常接近线性，如图 3-17 所示。这个初始部分用线性来表

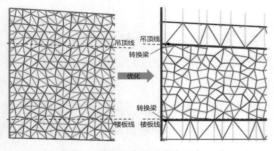

图 3-15 原方案与优化方案龙骨布置对比

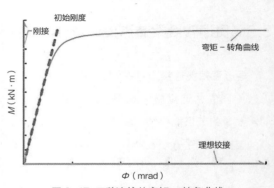

图 3-17 三种连接的弯矩－转角曲线

示，其斜率称为初始刚度 $S_{j,ini}$，则在弹性分析阶段就能以初始刚度来判断节点的刚接性能。

如何区分刚性连接、半刚性连接、铰接连接，在欧洲规范中有相关规定。假设梁的线刚度为 $i=EI/l$，其连接节点的初始刚度 $S_{j,ini}$ 有如下判断公式：

$$\begin{cases} S_{j,ini} > 25i & （刚性连接） \\ 0.5i \leq S_{j,ini} \leq 25i & （半刚性连接） \\ S_{j,ini} < 0.5i & （铰接连接） \end{cases} \quad (3-1)$$

由于节点的弯矩－转角曲线是非线性的，可能没有明显的直线段，此时取曲线上节点抗弯承载力 2/3 位置处的割线刚度作为初始刚度。后文计算以此为依据计算节点初始刚度。

3.5.1 相贯节点设计

内侧北立面、外侧东立面转换梁做法方案如图 3-18、图 3-19 所示，室内转换梁做法方案如图 3-20 所示。转换梁两侧杆件与转换梁全熔透焊接，并通过加腋板的方式加强。针对转换梁截面，设计了三种方案。

方案一：转换梁截面为焊接矩形管 FT350×250×20，内部不做隔板设计，如图 3-21 所示；

方案二：转换梁截面为焊接矩形管 FT350×

图 3-18 内侧北立面转换梁做法方案

图 3-19 外侧东立面转换梁做法方案

250×16，在中心位置内部增加 16 厚隔板，隔板在截面内三边焊接，如图 3-22 所示。

方案三：作为对比，两侧矩形管直接拼接焊接，无中间转换梁转换，如图 3-23 所示。

根据整体计算模型，在转换梁位置最大受力为：V=63kN，M=33.4kN·m。通过计算分析和静力试验，对比三种模型的刚度及承载力，设计选取合理的节点构造。

图 3-20 室内转换钢梁做法方案

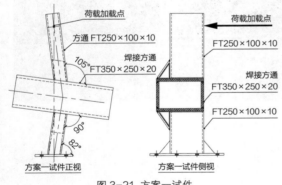

图 3-21 方案一试件

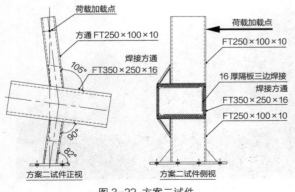

图 3-22 方案二试件

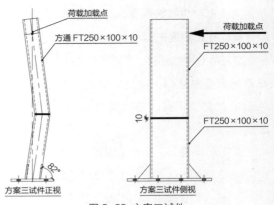

图 3-23 方案三试件

3.5.2 抗弯刚度分析

根据式（3-1），整体模型杆件长度在 2m 左右，因此取 l=2m 计算线刚度。经计算，截面 FT250×100×10 的线刚度为：i=5.06MN·m/rad；刚性连接的转动刚度界限值为：$S_{j,R}$=25i=126.43MN·m/rad；铰接连接的转动刚度界限值为：$S_{j,ini}$= 0.5i=2.53MN·m/rad。

利用 IDEA StatiCa 节点计算软件建立模型并施加弯矩荷载，分别计算三种节点的转动刚度。

（1）方案一转换钢通节点的转动刚度为 67.2MN·m/rad ＜ 126.4MN·m/rad，节点判定为半刚性连接（图 3-24、图 3-25）。节点抗弯承载力为 92.5kN·m，大于荷载设计值 33.4kN·m，所以节点承载力满足要求，其极限承载力由加腋板焊缝决定。

（2）方案二转换钢通节点转动刚度为 8213MN·m/rad ＞ 126.4MN·m/rad，节点判定为刚性节点（图 3-26、图 3-27）。节点

图 3-24 方案一模型

抗弯承载力为92.5kN·m，大于荷载设计值33.4kN·m，所以节点承载力满足要求，其极限承载力由加腋板焊缝决定。

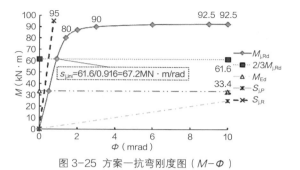

图3-25 方案一抗弯刚度图（M-Φ）

（3）方案三两管之间通过全熔透剖口焊连接，其转动刚度为77.3MN·m/rad < 126.4MN·m/rad，节点判定为半刚性节点（图3-28、图3-29）。其抗弯承载力由杆件本身确定。

将各方案抗弯刚度汇总，如表3-2所示。

综上，三个方案的节点承载力均满足要求，其中方案二节点的转动刚度满足设计的刚接假定，方案一和方案三节点转动刚度不满足刚接要求，都属于半刚性连接节点。

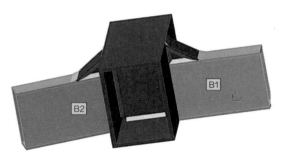

图3-26 方案二模型

图3-28 方案三模型

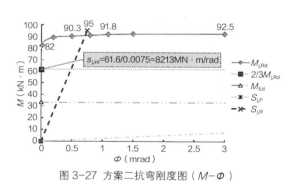

图3-27 方案二抗弯刚度图（M-Φ）

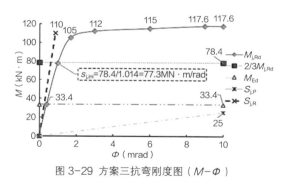

图3-29 方案三抗弯刚度图（M-Φ）

表3-2 抗弯刚度汇总

方案 ＼ 刚度	M_{Ed}（kN）	$M_{j,Rd}$（kN）	$S_{j,ini}$（MN·m/rad）	$S_{j,P}$（MN·m/rad）	$S_{j,R}$（MN·m/rad）	类别
方案一		92.5	67.2			半刚接
方案二	33.4	92.5	8213	2.5	126.4	刚接
方案三		117.6	77.3			半刚接

注：M_{Ed}为弯矩荷载；$M_{j,Rd}$为抗弯承载力；$S_{j,ini}$为转动刚度（取2/3$M_{j,Rd}$时节点割线转动刚度）；$S_{j,P}$为名义铰接转动刚度限值；$S_{j,R}$为刚接转动刚度界限值。

3.5.3 抗剪刚度分析

在剪力 63kN 作用下，分别计算三种模型，对比其变形。

利用 SAP2000 有限元软件计算节点，从模型悬挑端受剪变形结果（图 3-30、图 3-31、图 3-32）及结果对比表 3-3，有以下结论：

（1）方案二节点刚度最大，能够有效传递剪力，受剪力及弯矩情况下变形最小。

（2）方案一节点整体抗弯刚度比方案三大，在受剪力及弯矩状态下，变形在贯通梁位置发生突变。可以判断贯通梁受剪力是通过其上下翼缘传递，上下翼缘在剪力下同时发生了弯曲变形，大于 FT250×100×10 截面的弯曲变形。从总体变形相等来判断，方案一剪切变形刚度仍大于方案三（图 3-33）。

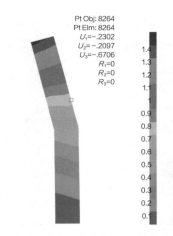

图 3-32 方案三抗剪变形图（mm）

表 3-3 节点抗剪变形

方案	U_3 贯通梁竖向位置变形（mm）	总体最大变形（mm）
方案一	0.98	1.4
方案二	0.52	1
方案三	0.67	1.4

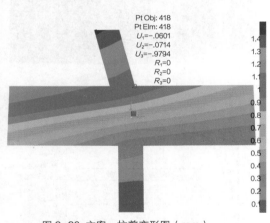

图 3-30 方案一抗剪变形图（mm）

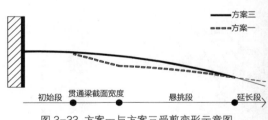

图 3-33 方案一与方案三受剪变形示意图

3.5.4 分析结论

经过节点转动刚度计算，方案二为刚性连接，方案一及方案三两种方案均为半刚性连接。方案一贯通梁截面为 FT350×250×20，内部无抗剪隔板，根据变形判断其抗剪刚度小于方案二（贯通梁内有抗剪隔板），同时方案一抗剪刚度仍大于原设计（方案三）。可以认为方案一及方案二抗剪刚度均满足要求，方案二更优。

3.5.5 静力试验说明

本试验为钢结构节点在面外荷载作用下的静

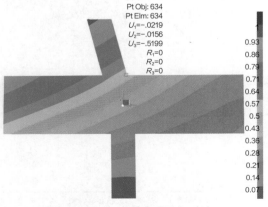

图 3-31 方案二抗剪变形图（mm）

力试验，主要确认构件节点在设计荷载作用下的位移、应力以及应变。节点试验在上海理工大学结构试验室 50t 竖向反力架上进行，采用手动泵控制 50t 千斤顶加载。试件测点分布、试验现场加载状态如图 3-34、图 3-35 所示。试验构件上，应变计 E1 ~ E12 可测定构件对应位置的应变，位移计 Y1 ~ Y6，可测定构件对应位置的位移。

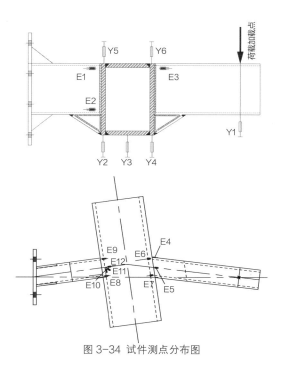

图 3-34 试件测点分布图

图 3-35 试验现场加载状态

3.5.6 试件试验结果

在加载点下方设置位移计 Y1 主要考虑实时测量加载点的位移，但试验中发现由于加载过程中千斤顶加载头与试件接触会产生较大冲击效应，数据不稳定。试件安装时对穿螺栓没有设置垫板，加载至 63kN 时加载架立柱翼缘板出现较大变形，不能继续加载。试验数据结果如下：

（1）试件一

根据测试结果[①]，应变计 E9 处对应的最大应变和应力分别为 675με 和 139MPa，处于弹性范围；除 E5 外，其他测点的应力、应变与荷载均可近似为线性关系，如图 3-36 所示。图 3-37 为试件上部和下部对应位移计的实测位移曲线（因安装方向不同，位移计读数有正负之分），其中 Y4 和 Y6 位移最大，最大值分别达到 −14.7mm 和 14.9mm。图 3-38 为根据上部 Y5、Y6 位移计和下部 Y2、Y4 位移计读数计算的相对转角，即试件在荷载作用下，横梁整体产生转动，上下最大扭转角分别为 0.032 rad 和 0.028 rad。荷载逐步增大过程中，转角逐步增大并呈非线性关系，反映荷载增大导致横梁产生了变形。由于下侧有加劲肋加强，下部转动比上

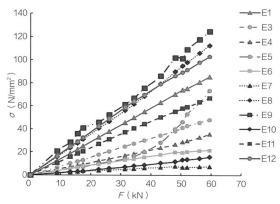

图 3-36 试件一应力图（F-σ）

---

① E1 ~ E12 为应变计，测算试验构件的应变及应力。Y1 ~ Y6 为位移计，测构件的位移。$\mu_1 \sim \mu_6$ 为对应 Y1 ~ Y6 位移计位置的位移。

部稍小。

（2）试件二

试件二在安装时，在最上排螺栓位置增加了钢垫板，试验加载时荷载加至70kN。应变计E1处对应的最大应变和应力分别为530με和109MPa，处于弹性范围（图3-39）。图3-40为试件上部和下部对应位移计的实测位移曲线，其中Y4和Y6位移最大，最大值分别为-12.4mm和11.5mm。图3-41为根据上部Y5、Y6位移计和下部Y2、Y4位移计读数计算的相对转角，分别为0.022rad和0.024rad，比试件一的数值小，由此可见，虽然横梁壁厚减小，但增加的横隔板对节点刚度增大具有较大贡献。测点的应

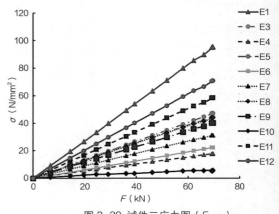

图 3-39 试件二应力图（F-σ）

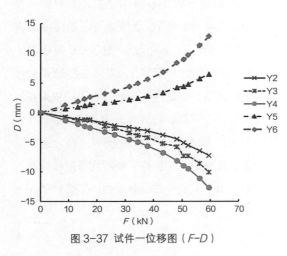

图 3-37 试件一位移图（F-D）

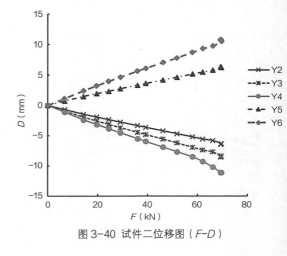

图 3-40 试件二位移图（F-D）

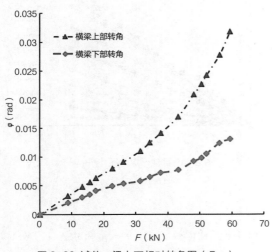

图 3-38 试件一梁上下相对转角图（F-φ）

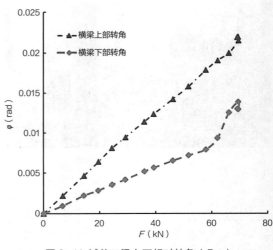

图 3-41 试件二梁上下相对转角（F-φ）

力、应变与荷载均可近似为线性关系，且比试件一数值要小，同样也反映试件二比试件一刚度大。

（3）试件三

试件三除 E6 和 E8 应变较小外，其他应变计测得的应变均较大，其中 E1 和 E4 处最大应变达到 1163με 和 −1155με，对应的最大应力分别为 240MPa 和 −238MPa，比试件一和试件二要大一倍多（图 3-42）。图 3-43 为试件上部和下部对应位移计的实测位移曲线，其中 Y2 和 Y4 位移最大，分别为 −8.2mm 和 9.3mm。

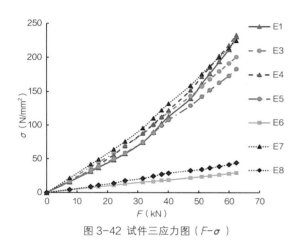

图 3-42 试件三应力图（F-σ）

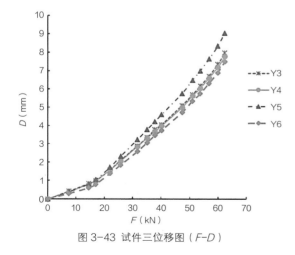

图 3-43 试件三位移图（F-D）

3.5.7　试验结果分析

对于上述三个试验试件，在相同位置施加相同大小的力时，测试结果对比见表 3-4：

表 3-4　在相同位置施加相同大小的力时，测试结果对比表

试件	最大加载力（kN）	测点最大应力（MPa）	应变（με）
试件一	63	139	675
试件二	70	109	530
试件三	63	240	1155

从表 3-4 数据可知，试件三作为基准试件，试件一及试件二的承载能力均大于试件三。同时，贯通梁位置的应力试件二小于试件一，所以试件二承载力更好。

3.5.8　结论

综合试验及计算结果可知，试件三作为基准试件，试件一承载能力较大但贯通梁位置局部变形大于试件三，即无隔板贯通梁的抗剪刚度小于试件三；试件二承载能力大于试件三，变形小于试件三，即试件二刚度大于试件三刚度。

16 壁厚带抗剪隔板的试件二贯通梁刚度最大，属于刚性连接，而且承载能力最大，满足使用要求。

3.6　整体钢架结构校核

3.6.1　承载力计算

在室内可视区域，幕墙支撑龙骨呈平面网状结构，龙骨在竖向无清晰的传力路径。杆件截面为变截面，其布置按照小单元模块重复，变截面构件在小单元内有一定加强作用，而在整体受面外力作用时没有有效的加强作用。而且幕墙沿水平方向没有明显的规则分段，所以只能整体建模计算。本系统主要杆件种类有 16 种，利用有限元分析软件 SAP2000 进行整体计算，因结构整体幅长较大且均为现场焊接安装，温度荷载影响较大，焊接存在初始缺陷，计算时均予以考虑。

计算分析结合现场实际施工情况，调整支撑点位置，建立网格钢架整体计算模型如图 3-44 所示，龙骨截面分布如图 3-45 所示，钢架风荷载分布如图 3-46 所示。

计算结果如下：整体变形如图 3-47 所示，

杆件应力比如图 3-48 所示。

结论：通过调整支座处龙骨为竖向直杆，传力更为直接，整体钢架挠度由原方案 32mm 降低至 28mm，满足规范要求。

因结构有大量的焊接拼接，对于结构杆件应

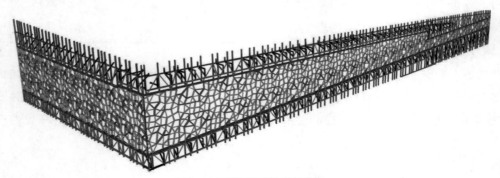

图 3-44 网格钢架整体计算模型

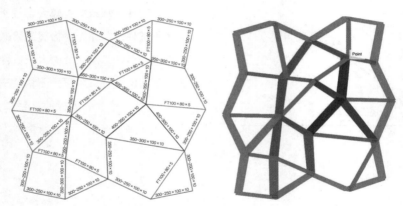

图 3-45 龙骨截面分布

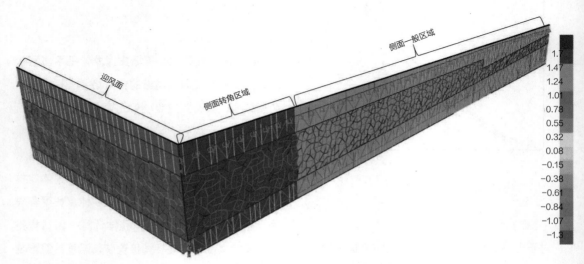

图 3-46 钢架风荷载分布

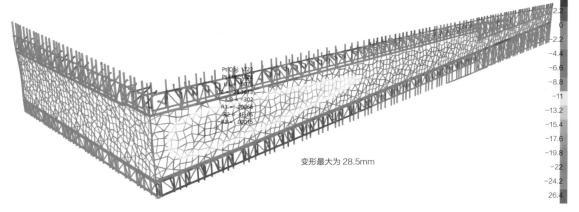

图 3-47 整体变形

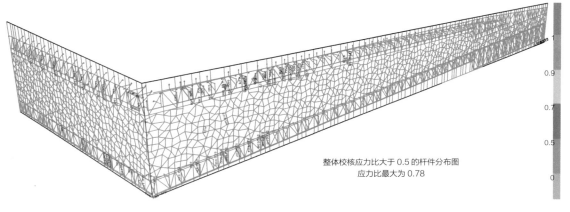

图 3-48 杆件应力比

力比需要控制在小于 0.6 的范围内，避免焊接缺陷导致的承载力不足情况，杆件应力比统计如表 3-5 所示。

表 3-5 杆件应力比统计表

应力比区间	杆件数量	百分比
0 ~ 0.3	5568	90.62%
0.3 ~ 0.45	374	6.09%
0.45 ~ 0.6	156	2.54%
0.6 ~ 0.75	41	0.67%
0.75 ~ 0.9	5	0.08%
0.9 ~ 1	0	0.00%

结论：只有 0.08% 的杆件应力比大于 0.75，最大应力比为 0.875 < 0.95，应力比大于 0.6 的杆件比例小于 1%，结构承载力满足要求。不可视区域优化后，其结构承载力并未降低，但结构刚度有所提升，满足设计要求。

3.6.2 温度变形分析

网格状框架结构通过焊接连接为整体，在保证面外抗风及地震作用承载力的基础上，还需要考虑平面内承受温度作用的能力。在温度作用下，框架设计要求支座不能出现较大反力，节点构造能满足变形需要，承载力满足要求。

温度荷载：网格框架与主体钢结构均属于建筑内部钢结构，处于同一温度场内，温差较小。

在网格平面内，网格框架与主体钢结构沿水平方向的约束完全释放，竖向只在顶部支座固定以承担重力荷载，因此不会产生较大的温度反力。考虑到围护结构更贴近外墙，因此按照温度梯度为10℃考虑网格框架结构与主体结构温差，而非冬季、夏季与施工时的温差。温度作用下整体框架变形如图3-49所示。

因一侧承重支座标高沿建筑结构分两段倾斜线性变化，所以重力与承重支座水平释放方向有非90°夹角。当温度变化时，承重支座位置竖向反力会稍微增大并妨碍结构水平向的自由伸缩。

3.6.3 主体结构竖向变形的影响

因主体结构是大跨度带悬挑的钢结构，外挂的定制钢花格围护结构重量较重，所以在自重及活荷载下，主体结构会有竖向变形。定制钢花格结构为跨层整体结构，需要适应主体结构的竖向变形。所以设计时在考虑温度荷载下结构水平伸缩的基础上，还需要考虑非承重支座的竖向变形。立杆平面内伸缩构造如图3-50所示。

根据主体结构竖向变形值，跨层固定点相对竖向变形值 $D_z=32.8-18=14.8\text{mm}$。所以花格结构与墙的连接支座需要保证能吸收 ±14.8mm 的变形。实际花格结构与墙的连接构造能够吸收 ±25mm 变形，满足要求。重力荷载作用一层和四层结构竖向变形如图3-51、图3-52所示。

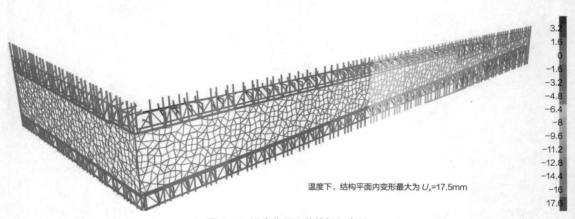

温度下，结构平面内变形最大为 U_x=17.5mm

图 3-49 温度作用下整体框架变形

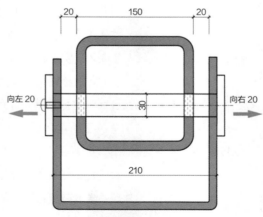

图 3-50 立杆平面内伸缩构造

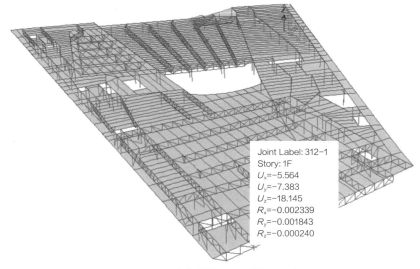

Joint Label: 312-1
Story: 1F
U_x=-5.564
U_y=-7.383
U_z=-18.145
R_x=-0.002339
R_y=-0.001843
R_z=-0.000240

图 3-51 重力荷载作用一层结构竖向变形

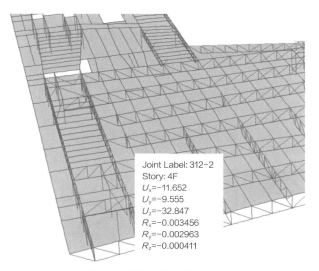

Joint Label: 312-2
Story: 4F
U_x=-11.652
U_y=-9.555
U_z=-32.847
R_x=-0.003456
R_y=-0.002963
R_z=-0.000411

图 3-52 重力荷载作用四层结构竖向变形

3.7　定制钢节点构造设计

由于花格系统所有杆件均为变截面设计，不但节点厚度有 250mm、300mm、350mm、400mm 四种规格，而且每种规格又有多种角度，因此杆件交接处的节点处理是此系统的难点。花格结构与墙的连接构造如图 3-53 所示。

综合以上因素，由于规格种类太多，不适合采用模具铸造的方式加工，对比多种加工方式以及实样测试，确定采用钢板激光切割与焊接拼接相结合的方案。

为保证钢架的结构性能，所有的连接杆件节点均需设置内部加劲肋，并且为了保证传力畅通，所有加劲肋的布置方向需与主受力杆件的方向一致。取决于钢架的整体造型，主受力方向为竖向，由于整体花格结构是标准花格模块旋转拼接而成，原本外观相同的节点，经旋转以后就会与主杆件传力方向不一致，因此相同的节点需根据旋转后的主受力方向进行单独设计。节点盖板坡口焊接如图3-54所示，节点加工成品如图3-55所示。

如图3-56所示，圆圈内的节点1（图3-57）、节点2为相同节点，其中节点2为节点1旋转90°以后的节点（图3-58）。主受力方向，从原本竖向主受力杆件旋转了90°，现变为水平方向，为保证竖向传力更直接，需对此节点内部加劲肋进行调整，保证竖向贯通。即节点1与节点2外观完全相同，但内部加劲肋的位置不同。

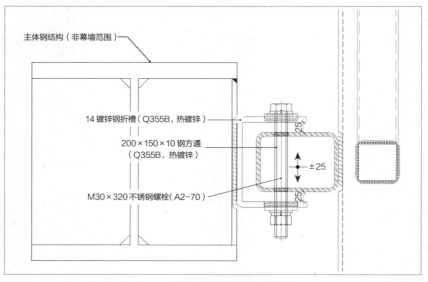

14 镀锌钢折槽（Q355B，热镀锌）

200×150×10 钢方通（Q355B，热镀锌）

M30×320不锈钢螺栓（A2-70）

主体钢结构（非幕墙范围）

图 3-53 花格结构与墙的连接构造

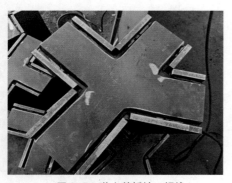

图 3-54 节点盖板坡口焊接

图 3-55 节点加工成品

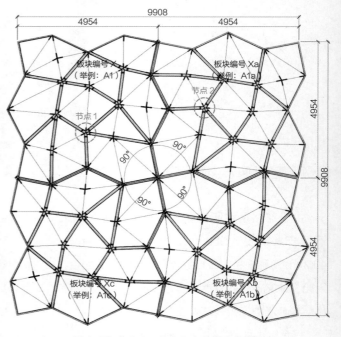

图 3-56 节点1、节点2在花格中的位置

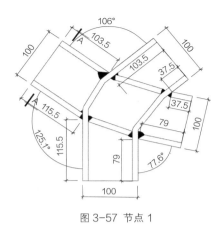

图 3-57 节点 1

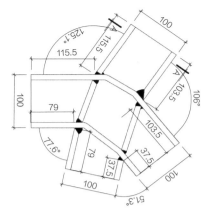

图 3-58 节点 2（节点 1 顺时针旋转 90°）

3.8 定制钢节点有限元分析

在整体计算模型中提取计算目标节点相连杆件的杆端力，按照实际构造形式，考虑焊缝连接的折减，建立节点的实体模型进行有限元分析。节点分别选取贯通梁连接节点、花格内部两种主要节点、花格单元之间的连接节点，共 4 个主

要受力节点进行分析。

3.8.1 贯通梁连接节点

在整体模型中选取贯通梁上的交会节点，剖切杆件获得杆端反力如图 3-59 所示。这里选取的是应力比最大杆件位置的节点，并获取最不利

截面切割项	输出组合	案例类型文本	P（N）	主轴剪力 V_2（N）	次轴剪力 V_3（N）	扭矩 T（N·mm）	次轴弯矩 M_2（N·mm）	主轴弯矩 M_3（N·mm）	X 向位移（mm）	Y 向位移（mm）
SCUT1	COMB17	Combination	128848.58	3156.88	41764.98	−447521.39	−56509147	−49325.43	20646.94	3.713e-07
SCUT2	COMB17	Combination	11538.14	−15124.89	785.86	−1511206.59	−1888051.44	−6409537.5	21146.26	5879e-07
SCuT3	COMB17	Combination	−60196.55	10223.53	−26219.79	−5632542.73	29788222.94	−815365.13	20771.6	1.502e-07
SCUT4	COMB17	Combination	15392.39	−7902.48	−14133.28	3398518.43	96714.84	453323.72	20147.61	6875e-07

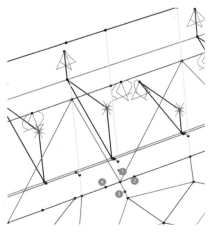

图 3-59 节点杆件的杆端反力

工况的杆端反力，建立计算模型如图 3-60 所示。

根据有限元分析结果可知，转换梁上应力较小，应力较大的杆件为矩形管 FT250×100×10，其应力为 126MPa＜215MPa。因此节点处于弹性状态。节点 Von Mises 应力分布如图 3-61 所示。

我们也对比了无转换梁、杆件直接连接的情况。有限元分析模型如图 3-62 所示，当无中间转换钢梁时，竖杆杆件与花格杆件直接刚接，无转换梁时节点 Von Mises 应力如图 3-63 所示。其应力最大为 237MPa ≤ 305MPa。应力水平明显高于有转换梁的节点。

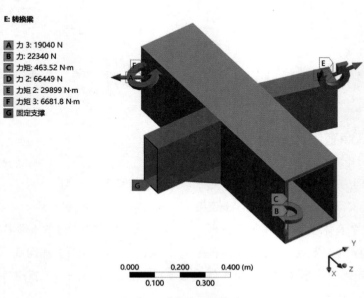

图 3-60 节点有限元模型

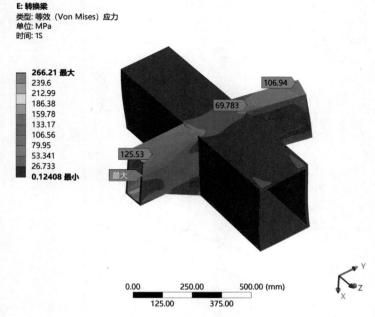

图 3-61 节点 Von Mises 应力分布

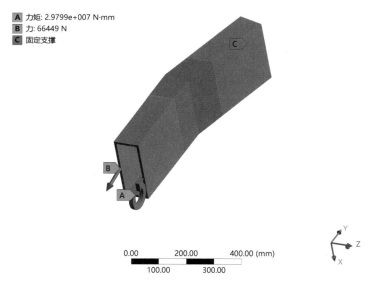

R: 副本转换梁

A 力矩: 2.9799e+007 N·mm
B 力: 66449 N
C 固定支撑

0.00　　　200.00　　　400.00 (mm)
　　100.00　　　300.00

图 3-62　无转换梁、杆件直接连接时节点有限元模型

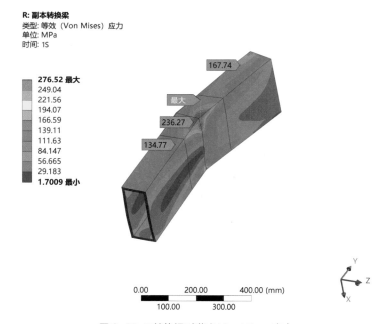

R: 副本转换梁
类型: 等效（Von Mises）应力
单位: MPa
时间: 1S

276.52 最大
249.04
221.56
194.07
166.59
139.11
111.63
84.147
56.665
29.183
1.7009 最小

167.74
最大
236.27
134.77

0.00　　　200.00　　　400.00 (mm)
　　100.00　　　300.00

图 3-63　无转换梁时节点 Von Mises 应力

图 3-64 和图 3-65 分别显示了有转换梁、无转换梁时两种情况下的节点变形。为了对比转换梁两侧的变形差异，对于没有转换梁的节点也按照转换梁宽度找出两个节点，分别代表"转换梁起点""转换梁中点"，考察其变形值。

根据有限元结果对比，竖管在"转换梁起点"位置，两种方案变形均为 0.268mm。在无转换梁时，"转换梁终点"位置变形为 0.917mm；有转换梁时，其变形为 0.634mm。可见转换梁增大了节点刚度，减小了节点变形。这与前面的

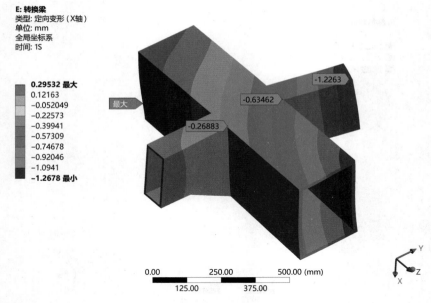

E: 转换梁
类型: 定向变形（X轴）
单位: mm
全局坐标系
时间: 1S

0.29532 最大
0.12163
-0.052049
-0.22573
-0.39941
-0.57309
-0.74678
-0.92046
-1.0941
-1.2678 最小

图 3-64 有转换梁时节点变形

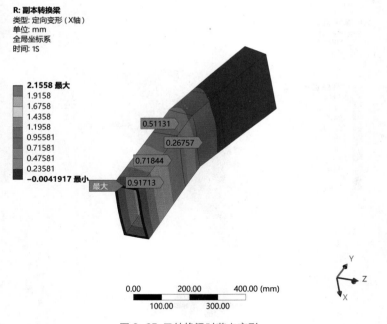

R: 副本转换梁
类型: 定向变形（X轴）
单位: mm
全局坐标系
时间: 1S

2.1558 最大
1.9158
1.6758
1.4358
1.1958
0.95581
0.71581
0.47581
0.23581
-0.0041917 最小

图 3-65 无转换梁时节点变形

结论是一致的。

综合上面的有限元分析结果，我们采用的有贯通转换梁的节点，其承载力能够满足设计要求，其节点刚度大于原设计，有利于减小花格结构的总变形量。

3.8.2 花格内部节点一

在整体模型中选取花格内部交会节点一（图3-66），剖切杆件获得杆端反力如图3-67所示。

在本节点中，腹板之间为半熔透焊接，有

效焊缝尺寸超过 8mm，实际计算时，焊缝位置有效尺寸取为 6mm。建立有限元分析模型如图 3-68 ~图 3-70 所示。

节点最大应力小于材料屈服强度，承载力满足要求。

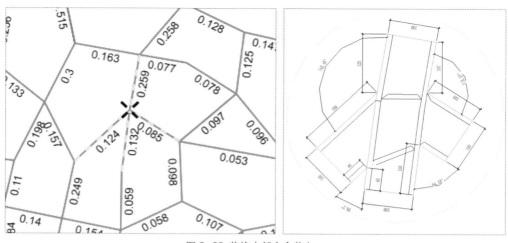

图 3-66 花格内部交会节点一

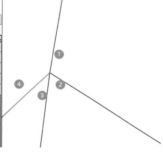

SectionCut Text	OutputCase	CaseType Text	P (kN)	V_2 (kN)	V_3 (kN)	T (kN·m)	M_2 (kN·m)	M_3 (kN·m)	GlobalX m	Glc
SCUT1	COMB17	Combination	42.523	2.373	-4.283	4.3102	20.6761	-2.1764	17.06073	
SCUT2	COMB17	Combination	-13.44	12.512	-0.69	1.401	-0.7442	2.3435	17.14358	
SCUT3	COMB17	Combination	-12.718	-1.374	6.824	-1.678	-13.9909	0.4753	17.01498	
SCUT4	COMB17	Combination	-14.744	-13.256	0.436	-3.5728	-4.3827	-0.2088	16.91171	

图 3-67 节点杆件的杆端反力

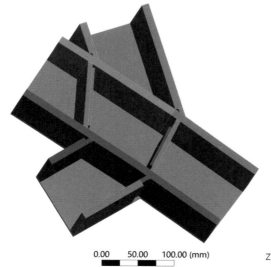

图 3-68 花格内部节点一有限元模型

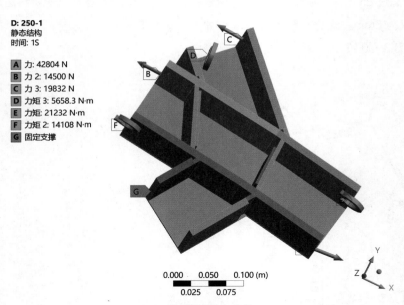

D: 250-1
静态结构
时间: 1S

A 力: 42804 N
B 力 2: 14500 N
C 力 3: 19832 N
D 力矩 3: 5658.3 N·m
E 力矩: 21232 N·m
F 力矩 2: 14108 N·m
G 固定支撑

图 3-69 节点模型施加荷载

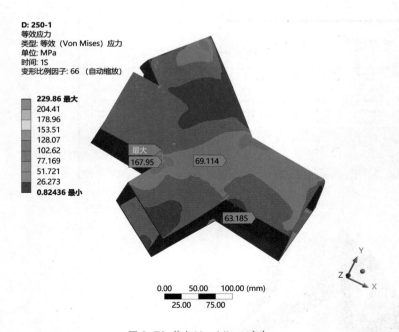

D: 250-1
等效应力
类型: 等效（Von Mises）应力
单位: MPa
时间: 1S
变形比例因子: 66 （自动缩放）

229.86 最大
204.41
178.96
153.51
128.07
102.62
77.169
51.721
26.273
0.82436 最小

图 3-70 节点 Von Mises 应力

3.8.3　花格内部节点二

在整体模型中选取花格内部交会节点二（图 3-71），剖切杆件获得杆端反力如图 3-72 所示。

相关杆件的应力比最大为 0.26，余量较大。建立节点有限元分析模型如图 3-73 所示，节

点二模型施加荷载如图 3-74 所示，节点二 Von Mises 应力如图 3-75 所示。

节点最大应力小于材料屈服强度，承载力满足要求。

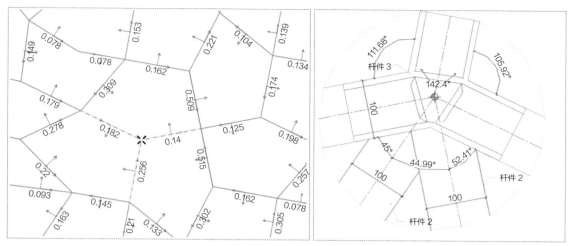

图 3-71 花格内部节点二（左图单位：kN）

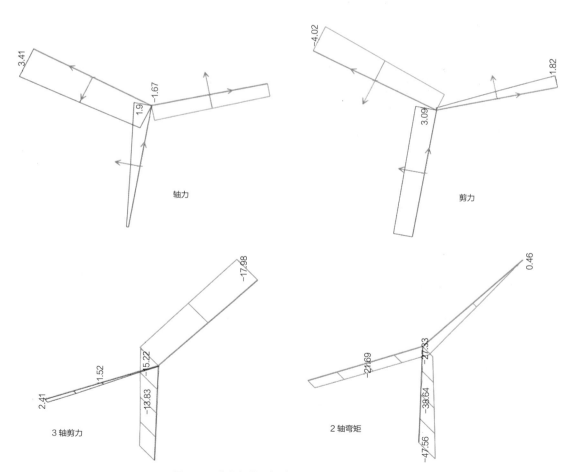

图 3-72 节点杆件的杆端反力（单位：kN·m）

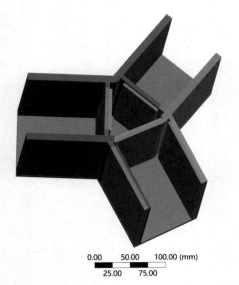

H: 250-4
求解方案
时间: 1S

0.00　　50.00　　100.00 (mm)
　　25.00　　75.00

图 3-73 花格内部节点二有限元模型

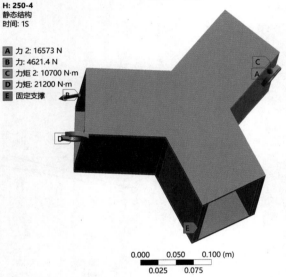

H: 250-4
静态结构
时间: 1S

A 力 2: 16573 N
B 力: 4621.4 N
C 力矩 2: 10700 N·m
D 力矩: 21200 N·m
E 固定支撑

0.000　　0.050　　0.100 (m)
　　0.025　　0.075

图 3-74 节点二模型施加荷载

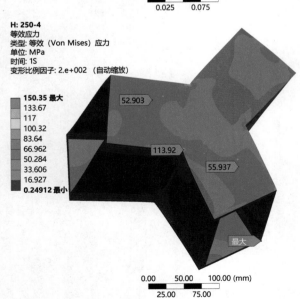

H: 250-4
等效应力
类型: 等效（Von Mises）应力
单位: MPa
时间: 1S
变形比例因子: 2.e+002（自动缩放）

150.35 最大
133.67
117
100.32
83.64
66.962
50.284
33.606
16.927
0.24912 最小

52.903

113.92

55.937

最大

0.00　　50.00　　100.00 (mm)
　　25.00　　75.00

图 3-75 节点 Von Mises 应力

3.8.4 花格单元交接节点

花格单元交接位置杆件截面最小，应力比最大为0.515（图3-76）。建立有限元模型，施加荷载并进行分析，得到节点 Von Mises 应力如图3-77所示。

节点 Von Mises 应力最大为 143MPa，局部拐角位置应力最大为 198MPa，小于材料屈服强度，节点承载力满足要求。

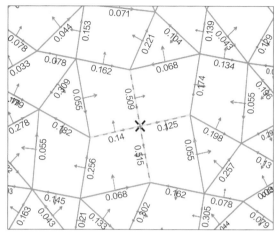

图 3-76 花格单元交接位置节点杆件应力比

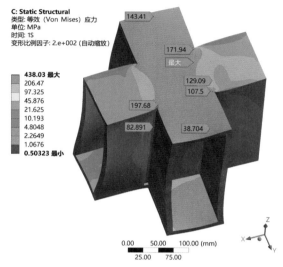

图 3-77 节点 Von Mises 应力

3.9　定制钢加工工艺图

由于此定制钢结构造型复杂，所有杆件及节点均需绘制详图表达，方可满足加工需要，常规人工操作工作量巨大且易发生错误，难以满足工程进度需要，因此我司采用 Rhino＋Grasshopper 软件批量出图，确保出图效率及准确率。定制钢加工工艺图出图流程如图3-78所示。

使用插件 Grasshopper，可以对所有钢板按钢架次序和编号、按指定方向一键批量生成加工图，标注尺寸及编号，并生成加工明细表，方便工人归类、安装。编制钢板展开程序、零件编号及展开加工图如图3-79、图3-80所示。

加工前期保证模型的正确完整，使用Grasshopper 进行零件拆分出图，可以大大提升出图效率和正确率，为工程顺利推进提供了保障。

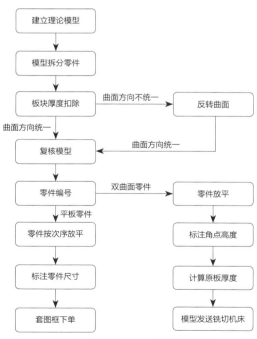

图 3-78 定制钢加工工艺图出图流程

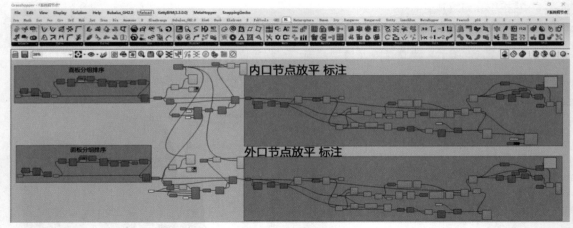

图 3-79 编制钢板展开程序

G21A	G21B	G21C	G21D	G21E	G21F	G21G
G21A	G21B	G21C	G21D	G21E	G21F	G21G

G21G-01	G21G-02	G21G-03	G21G-04	G21G-05	G21G-06	G21G-07	G21G-08	G21G-09	G21G-10	G21G-11	G21G-12
G21F-01	G21F-02	G21F-03	G21F-04	G21F-05	G21F-06	G21F-07	G21F-08	G21F-09	G21F-10	G21F-11	G21F-12
G21E-01	G21E-02	G21E-03	G21E-04	G21E-05	G21E-06	G21E-07	G21E-08	G21E-09	G21E-10	G21E-11	G21E-12
G21D-01	G21D-02	G21D-03	G21D-04	G21D-05	G21D-06	G21D-07	G21D-08	G21D-09	G21D-10	G21D-11	G21D-12
G21C-01	G21C-02	G21C-03	G21C-04	G21C-05	G21C-06	G21C-07	G21C-08	G21C-09	G21C-10	G21C-11	G21C-12
G21B-01	G21B-02	G21B-03	G21B-04	G21B-05	G21B-06	G21B-07	G21B-08	G21B-09	G21B-10	G21B-11	G21B-12
G21A-01	G21A-02	G21A-03	G21A-04	G21A-05	G21A-06	G21A-07	G21A-08	G21A-09	G21A-10	G21A-11	G21A-12

图 3-80 零件编号及展开加工图

3.10 定制钢加工及运输

由于本系统钢龙骨截面均为变截面，且长度不一致，导致所有龙骨均需定制加工，所有龙骨均由钢板切割、拼接而成。

3.10.1 加工工艺流程

定制钢加工工艺流程如图 3-81 所示。

3.10.2 钢架拆分与预拼装方案

花格钢架的拆分与预拼装方案需要根据现场实际情况考虑钢结构安装的便利性和可行性、车辆运输时的安全性。经过研究，将每个定制钢标准单元在工厂沿横向分为四部分加工，每部分

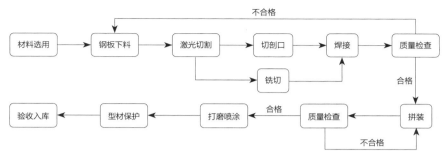

图 3-81 定制钢加工工艺流程

长约 12m，宽约 3m，以便于加工搬运及道路运输。现场将相邻两部分拼接成一个整体后进行吊装，两次吊装完成后再进行电焊连接成一个标准单元。现以标准单元举例，其余单元的加工及吊装步骤相同，花格定制钢标准单元分块示意图、加工厂分片加工如图 3-82、图 3-83 所示。

工厂加工时将标准单元钢架分为四部分加工拼装，四部分钢构架发运至现场后，第一部分与第二部分拼接成一个整体、第三部分与第四部分拼接成一个整体后分别吊装，之后再进行电焊连接，形成完整的单元骨架。吊装时由一侧向另一侧依次进行，避免出现间隔安装现象。

3.10.3　杆件节点编号

根据骨架杆件及节点的不同规格，通过设计

放样将骨架各部位杆件规格及连接节点规格确定，然后再将各种杆件和连接节点进行编号，并确定好加工尺寸，骨架杆件及连接节点编号图（局部）如图 3-84 所示。

3.10.4　杆件加工

（1）零件编号

杆件零件编号后对所有零件进行拆分，并采用标准原版进行套裁，保证材料利用率。

（2）切割

将套裁文件输入至激光切割机进行原版切割，切割时注意保护材料表面，切割后的材料需去除毛刺。数控激光切割机、切割后的板材如图 3-85、图 3-86 所示。

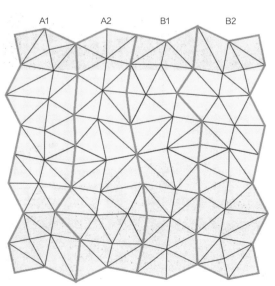

图 3-82 花格定制钢标准单元分块示意图

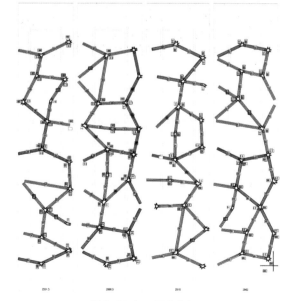

图 3-83 加工厂分片加工

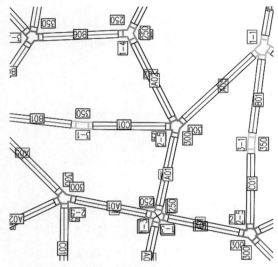

图 3-84 骨架杆件及连接点编号图（局部）

图 3-85 数控激光切割机

图 3-86 切割后的板材

（3）检查

钢件加工偏差检验表如表 3-6 所示。

表 3-6　钢件加工偏差检验表

项目			允许偏差	检验工具
直角截料	长度尺寸 L	钢材	±3.0（mm）	钢卷尺
	端头角度 α		−5′	角度尺
斜角截料	长度尺寸 L	钢材	±3.0（mm）	钢卷尺
	端头角度 α		−5′	角度尺
其他	断面光整无毛刺			

钢板板材的焊接钻孔、铣槽等加工采用德国进口的数控加工中心及数控切割机，包括：双头切割锯（图 3-87）、单头切割锯（图 3-88）、直角切割机、直立铣床、多功能加工中心（图 3-89）。

（4）焊接

1）焊前准备：焊接前查明所焊材料的钢号，以便正确地选用相应的焊接材料并确定合适的

图 3-87 双头切割锯

图 3-88 单头切割锯床

图 3-89 多功能加工中心

焊接工艺和热处理工艺。码件焊接、杆件焊接如图 3-90、图 3-91 所示，二氧化碳气体保护电弧焊如图 3-92 所示。对于需要打坡口的位置，需根据设计要求完成坡口加工。

2）精准下料：用数控激光按加工图纸切割板材，误差控制在 1mm 范围内。打磨清理下料坡口如图 3-93 所示。

图 3-90 码件焊接

图 3-91 杆件焊接

图 3-92 二氧化碳气体保护电弧焊

图 3-93 打磨清理下料坡口

3）拼接：采用激光外形规板，在拼接过程中利用规板控制工件的角度精度及定位尺寸精度。内衬规板与工件同步焊接以便限制后续焊接变形。

4）检验：利用数控激光切割等比例外箍套规检查所有焊接工件；规尺测量定型尺寸。

本工程龙骨连接节点数量多，造型尺寸不一，且焊接精度要求高，单个连接节点焊接完成后需采用专用模具进行检查，发现有少量偏差的产品需重新打磨修正。

（5）焊接成品检查

对合格品需堆放整齐，小心运输至下一道工序场地。

3.10.5 节点加工

焊件在组装前应将焊口表面及附近母材内、外壁的油、漆、垢、锈等清理干净，直到发出金属光泽。

焊接时采用进口焊接平台将待焊工件垫置牢固，以防止在焊接和热处理过程中产生变形和附加力。

焊接施工过程包括对口装配、施焊、热处理和检验等四个重要工序。每道工序验收符合要求后方准进行下道工序，否则禁止下道工序施工。焊工在施焊前，应进行与实际条件相适应的模拟练习，并经折断面检查，符合要求后方可正式焊接。

骨架的分格拼装控制：骨架的定位精度及速

度决定了整个工程的质量与进度，故作业无论从技术上还是管理上都要分外重视。节点成品如图3-94所示。

图 3-94 节点成品

3.10.6 预拼装

花格钢架的预拼装包括以下工序。

（1）定制焊接平台：在工厂制作一个花格钢架预拼装使用的焊接、拼装平台，并利用这个矫正平整的工作平台控制整体钢架的平整度。钢架整体精度控制在 1/1000，且每米不大于0.5mm。

（2）定位及预拼接：将花格钢架每个标准单元的构件划分为若干小工件，小工件各自加工、拼接完整后，根据设计理论值精确定位，将小工件焊接组成大组件，逐步定位拼接。

（3）测量及纠偏：主龙骨的拼装采用焊接连接，在焊接之前，采用全站仪测量并调节相应杆件位置，直至各尺寸符合要求，然后进行焊接。

（4）焊接：经过测量及纠偏后，将各构件焊接连接，焊接要求同前节中构件加工的要求。

预拼装过程图如图 3-95 ～ 图 3-101 所示。

为保证运输及吊装过程中的稳定性，加工厂所拼装的每樘骨架四周均采用钢方通胎架临时固定，胎架与 A1 系统的骨架半成品焊接固定，同一标准单元骨架四个分片所用的胎架规格相同，便于现场二次拼装定位及立面吊装定位。

图 3-95 进口焊接平台异形定位

图 3-96 进口多功能焊接平台

图 3-97 制作焊接及预拼装平台

图 3-98 骨架拼装操作胎架

图 3-99 对杆件编号

图 3-100 钢骨架拼装

图 3-101 全站仪测量纠偏

待 A1 系统定制钢骨架在现场安装完成后，再将临时胎架切割拆除并打磨及补涂油漆。胎架固定钢架示意图如图 3-102 所示。

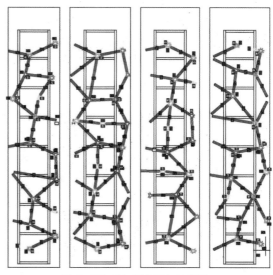

图 3-102 胎架固定钢架示意图

3.10.7 涂装

各分片焊接完成后，在工厂进行钢结构涂装。涂装步骤包括：结构基材打磨或喷砂，除锈除油→涂环氧富锌底漆→干燥→自检→局部原子灰找平→打磨→涂环氧云铁中间漆→干燥→打磨→自检→涂氟碳面漆→涂层稳定与固化→出厂合格检验。如有氟碳罩光漆，则增加涂氟碳罩光清漆→涂层稳定与固化→出厂合格检验。

因为钢结构面漆在工厂完成，需要注意出厂前的成品保护和现场安装的保护工作。运输采用钢托架运输，各个连接分格点外露部分包装好，杆件用缠绕膜包裹，外面用泡沫包裹。车间二道涂装、表面涂装检查修补如图 3-103、图 3-104 所示。

3.10.8 运输

定制钢骨架拼装并喷涂完成后，按工地时间要求发运至现场，所有 A1 系统定制钢骨架采用汽车运输方式发运，装车前定制钢骨架需采取保护性包装，特别是突出整体的杆件端头需用柔性

图 3-103 车间二道涂装

图 3-105 钢架成品保护及运输

图 3-104 表面涂装检查修补

图 3-106 胎架与定制钢抱箍固定节点

橡胶材料包裹严密，防止磕碰造成杆件破损或油漆脱落。钢架成品保护及运输如图 3-105 所示。

为了保证装车、卸车及运输过程中的稳定，加工厂所拼装的每榀骨架需背负钢材胎架用于临时固定，胎架与每榀骨架半成品焊接固定，焊接位置为胎架外侧 H 型钢主龙骨与定制钢骨架接触位置，同一单元骨架四个分榀的临时胎架规格相同，便于重复利用。胎架钢龙骨外侧主龙骨为 HW200×200 型钢，次龙骨为 80×80×4 方钢管，最长 12m 胎架合计重量约 1t。胎架主龙骨与次龙骨围焊固定，次龙骨之间焊接固定。焊缝为三级焊缝，焊缝长度为满焊，焊角高度不得小于 H 型钢腹板厚度 8mm。同时为进一步增加安全性，胎架与 A1 系统花格骨架之间除了焊接固定外，同时采用不锈钢螺杆抱箍将胎架与钢龙骨连接，每榀骨架与胎架增加抱箍连接点两处，在长度方向上呈对角布置，不锈钢螺杆规格为 M16，抱箍限位钢板厚度为 16mm，胎架与定制钢抱箍固定节点如图 3-106 所示。

每车次装载两榀常规 A1 系统骨架，最下方骨架所背负胎架需用钢柱垫起，然后采用钢丝绳将所运输钢架与车厢捆绑牢固，防止运输过程中摇晃发生意外，同时为了保证现场拼装及安装 A1 系统定制钢骨架的延续性，以及减少占用现场拼装场地，每车次运输的两榀骨架应为同一骨架单元四榀中的相邻两榀，便于材料到现场后可以立即进行拼装并安装上墙，避免造成材料积压。钢架运输分组如图 3-107 所示。

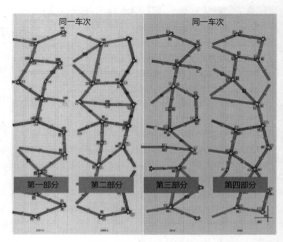
图 3-107 钢架运输分组

由于所运输钢构件重量及体型较大，在保证运输车辆不超重的情况下，需咨询相关管理部门，在运输前办理相关手续，避免由于超重超宽影响正常材料发运。发运前还需规划好运输路线，避免路况不好的运输线路，同时了解运输时的相关天气，大雨、大雾天气禁止车辆上路。根据路线规划，定制钢从加工厂运输至工地现场需选择主要为高速公路和高等级公路的路线，避开路况不好的道路及限行道路。

3.11 现场安装

3.11.1 现场加工场地

由于本系统龙骨使用数量较大，且龙骨需要现场进行拼接，所有龙骨安装前需制定好进场计划，所用 A1 系统骨架半成品需按计划分批次进场，骨架进场后按总包指定地点堆放和加工，避免钢材在现场积压，影响工地的整体布置。经过现场与相关单位沟通，同时考虑塔式起重机及安装工作面要求，确定 A1 系统骨架的临时拼装堆放场地，如图 3-108 所示。

现场加工场地确定后，我司严格遵守总包现场管理制度，将进场材料运送至指定地点码放整齐，同时加工场地搭设符合现场安全消防要求，配备设施齐全、规范。同时做到每日工完场清，减少安全隐患，达到安全文明施工标准。加工场地需配置可靠围挡（图 3-109），防止材料丢失。

若当日进场材料只有一车次，可直接在加工场地采用汽车起重机卸车（图 3-110）后将两

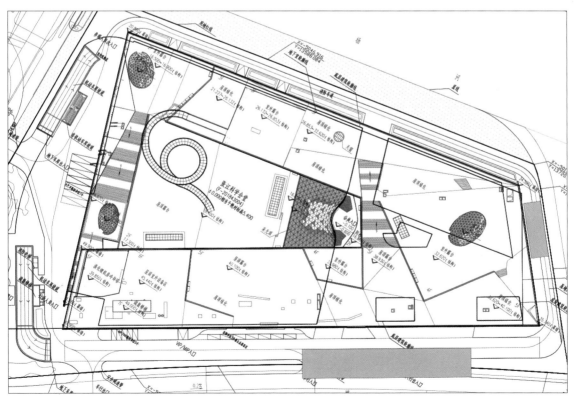

图 3-108 钢骨架现场加工场地布置

榀骨架拼装成一体后进行吊装。若当日进场材料较多，采用汽车起重机将骨架卸车至场地一后进行拼装（图3-111），拼装完成后采用货车水平运输至待安装位置下方附近便于吊装位置后，采用汽车起重机卸车并协助材料堆放。

高精度定制钢型材在工厂进行整体加工后发运至现场的全过程，严格注意成品保护，防止钢材磕碰损伤，且严禁超载。钢架和胎架存放示意图如图3-112所示。

图3-112 钢架和胎架存放示意

图3-109 现场加工场设置可靠围挡

图3-110 采用汽车起重机进行钢架卸车

图3-111 同一车次所运输钢架卸车至加工场地

3.11.2　钢架现场拼接

（1）现场拼接

钢架到场后采用汽车起重机进行卸车，并在现场拼接场地将工厂所加工的相邻两榀骨架拼接成一个整体（二分之一单元）后进行吊装，拼接处为每批次相邻两榀钢骨架相邻处的杆件端头与定制钢节点，钢架拼接示意如图3-113所示。

两榀钢构件拼接方式为全焊透对接焊接，为了控制焊接质量，需在定制钢节点腔体或杆件腔体内侧设置钢衬垫（图3-114），采用单面坡口焊接。设置钢衬垫的作用主要有以下两点：

1）钢衬垫可以起定位作用，有利于焊接过程中杆件与定制节点焊接完成后位置准确。

2）钢衬垫在单面焊接过程中可以阻挡焊液流向部件腔体，保证部件的焊接质量。

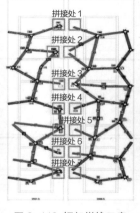

图3-113 钢架拼接示意

图3-114 部件腔体内侧设置钢衬垫及端头留坡口

焊接方式为二氧化碳气体保护焊。焊接工人需持证上岗，并根据实际情况向总包申请动火作业证。作业时需遵守现场消防管理制度，焊接所用焊丝和焊剂应保证其熔敷金属的力学性能不低于现行国家标准《埋弧焊用非合金钢及细晶粒钢实心焊丝、药芯焊丝和焊丝－焊剂组合分类要求》GB/T 5293 和《埋弧焊用热强钢实心焊丝、药芯焊丝和焊丝－焊剂组合分类要求》GB/T 12470 中的相关规定。对接焊缝需采用围焊，不得有漏焊现象，焊缝需饱满。拼接焊缝为一级全熔透焊缝，焊接质量要求如图 3-115、图 3-116 所示。

（2）焊缝检验

焊接完成后需敲除焊渣，自检合格后需申请第三方检测机构到现场，在监理单位见证的情况下对所有拼接焊缝进行超声波探伤检查，焊缝的超声波探伤检查应按下列要求进行：

1）要求全熔透的一、二级焊缝，应进行超声波探伤检查。超声波探伤不能对缺陷做出判断时，应采用射线探伤，其内部缺陷分级及探伤方法应符合相关国家标准。

2）超声波探伤检查应在焊缝外观检查后进行。焊缝表面不规则及有关部位不清洁的程度，应不妨碍探伤的进行和缺陷的辨认，不满足上述要求时，事前应对需探伤的焊缝区域进行铲磨和修整。

3）超声波探伤检查数量：一级焊缝为100%，二级焊缝为20%。检验等级为 B 级。评定等级：一级焊缝为Ⅱ级，二级焊缝为Ⅲ级。

4）超声波探伤不能对缺陷做出判断时，应100% 采用射线探伤，检查等级为 AB 级。评定等级：一级焊缝为Ⅱ级，二级焊缝为Ⅲ级。

项目	允许偏差	图例
对口错边 △	$t/10$，且不大于 3.0	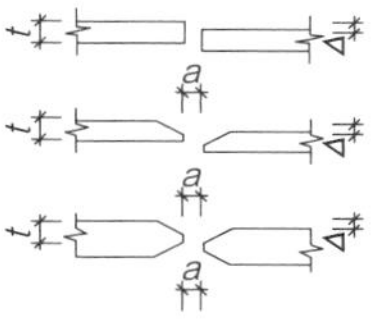
间隙 a	1.0	
箱形截面高度 h	±2.0	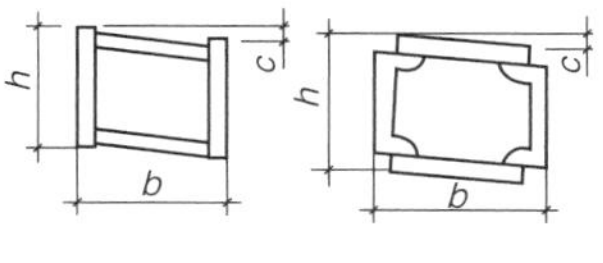
宽度 b	±2.0	
垂直度 c	$b/200$，且不大于 3.0	

图 3-115 焊接连接组装尺寸的允许偏差（mm）

箱形截面对角线差		3.0	用钢尺检查 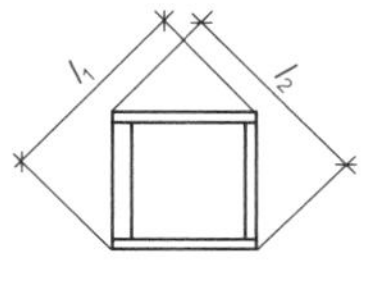
箱形截面两腹板至翼缘板中心线距离 a	连接处	1.0	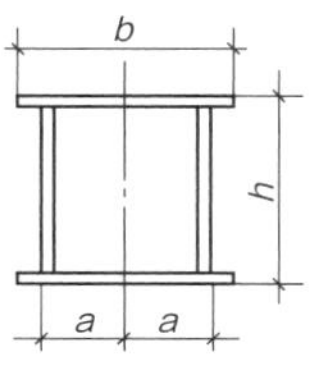
	其他处	1.5	

图 3-116 焊接实腹钢梁外形尺寸的允许偏差（mm）

5）经检查发现的焊缝不合格部位，必须进行返修。

6）当焊缝有裂纹、未焊透和超标准的夹渣、气孔时，必须将缺陷清除后重焊。清除可用碳弧气刨进行。

7）焊缝出现裂纹时，应由焊接技术负责人主持进行原因分析，制定出措施后方可返修。当裂纹界限清楚时，应从裂纹两端加长50mm处开始，沿裂纹全长进行清除后再焊接。

8）对焊缝上出现的间断、凹坑、尺寸不足、弧坑、严重咬边等缺陷，应予以补焊。补焊焊条直径不宜大于4mm。

9）修补后的焊缝应用砂轮进行修磨，并按要求重新进行检查。

10）本工程低合金钢的焊缝，在同一处不得返修二次以上。需要返修的焊缝，应会同设计部门研究处理。

本工程现场A1系统钢骨架拼接焊缝超声波探伤检查结果均合格。

（3）补漆

在骨架拼接完成后除了焊缝需做防腐处理以外，焊接过程中所损坏的钢骨架油漆也需做补漆处理。防腐和补漆要求如下：

钢构件出厂前不要涂装的部位——工地焊接部位及两侧100mm，且要求满足超声波探伤范围。工地拼接部位及两侧应进行不影响焊接的除锈处理。除上述所列范围以外的所有钢构件表面在出厂前应至少涂二道防锈底漆，底漆涂装要求如表3-7所示；焊接区除锈后涂专用坡口焊保护底漆两道。

构件安装后需补漆的部位包括工地焊接区、经碰撞脱落的工厂油漆部分，均需涂防锈底漆一道。为保证涂装质量的可追溯性及涂层间兼容性，底漆、中漆、面漆宜来自于同一涂料供应商；须做防火体系与防腐体系兼容性试验。所有防腐涂层材料的质量标准应符合现行国家标

表 3-7　A1 系统钢构件涂装要求

油漆系	油漆类型	干膜厚度（μm）
底漆	环氧富锌底漆	50～60
中间漆	厚浆型环氧漆	50～150
面漆	常温氟碳面漆	30～60
	总干膜厚度	160～250

准，并应具有生产厂家出具的质量证明书或检验报告。

采用水性无机富锌底漆需提供耐盐雾试验、耐老化试验报告（耐盐雾试验10000h、耐老化试验10000h）。除锈完成后至底漆喷涂的时间间隔不得大于3h。

氟碳漆的可溶性氟含量不低于22%，检测方法参考现行行业标准《交联型氟树脂涂料》HG/T 3792。氟碳漆树脂原料采用大金或旭硝子的氟碳树脂，并提供原材料出厂证明。

所有涂层采用喷涂的方式施工，不易喷到的部位可采取刷涂，但只限于小面积。

对于现场焊缝，应仔细打磨后喷防锈漆，要求同本体部分。对于运输及施工中损坏的底漆，应手工打磨后补足底漆厚度。打磨标准为st3级。所有补漆用产品应与厂内喷漆用产品一致。

3.11.3 平整度控制

龙骨骨架拼接在临时操作台上进行，操作台采用钢龙骨在地面铺设，铺设时需用红外线测量仪找平，保证表面平整，所有充当操作套的钢龙骨上方标高一致，高度误差不得超过2mm。操作台高为900mm，便于现场加工工人操作。在焊接过程中需不断用红外线测量仪检查操作台平整度，一旦发现偏差，立即纠正，降低焊接误差。拼接时误差不得大于5mm。钢架拼接示意图如图3-117所示。

现场拼装时先采用汽车起重机将相邻两榀半成品骨架转移到操作平台上进行拼装，两榀骨架

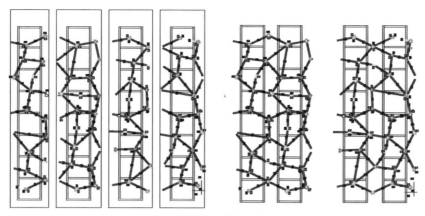

图 3-117 钢架拼接示意图

焊接拼装时需采用临时固定件固定牢固，防止焊接造成钢骨架变形。现场采用和工厂一样的二氧化碳气体保护电弧焊，减小焊接发热给钢型材带来的变形。焊接时遵守工地动火制度，不得无证操作，严格遵守现场安全管理，配备监护人和消防设施。

在加工厂每个 A1 系统标准单元骨架分为四榀加工并发往现场，现场将半成品骨架在操作台先两两拼接成二分之一标准单元骨架后，安装固定两端的横梁，让胎架形成稳固整体，有利于吊装时保持稳定性。拼装过程如图 3-118 ~ 图 3-121 所示。

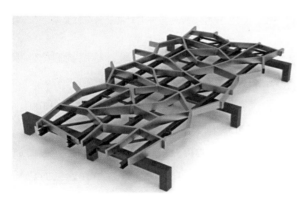

图 3-118 红色为模拟焊接部位

图 3-119 焊接工艺同加工厂采用夹片固定

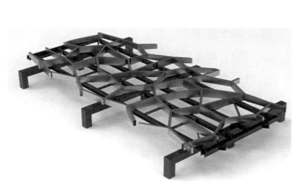

图 3-120 安装两端胎架横梁

图 3-121 胎架横梁固定细部

3.11.4　钢骨架安装

（1）钢骨架安装前置工作

1）由于 A1 系统分为三部分，分别为上弦钢龙骨、定制钢花格骨架及下弦钢龙骨；因此在 A1 系统高精度定制钢花格骨架安装前，上弦、下弦钢龙骨需安装牢固。A1 系统不可视部位的常规龙骨如图 3-122 所示。

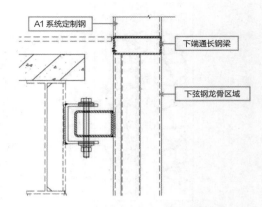

图 3-123　转换梁安装节点示意图

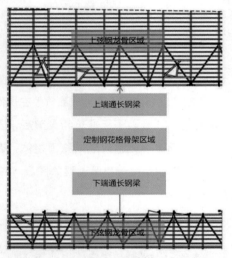

图 3-122　A1 系统不可视部位的常规龙骨

2）由于上弦钢龙骨底端通长钢横梁及下弦钢龙骨上端通长钢横梁为定制钢骨架的固定连接点，因此在上下弦龙骨安装时需实时用检测仪器进行监测，主要监测上下弦钢龙骨及上下端通长钢梁在安装过程中的标高偏差、构件轴线空间位置偏差以及构件对接处平面度的偏差程度。发现偏差程度超出设计允许范围的应立即纠正，以免后续定制钢骨架安装受到影响。转换梁安装节点示意图如图 3-123 所示。

3）在上下弦钢骨架主受力龙骨安装并满焊完成后，再一次检查上下弦钢龙骨安装的精确度特别是上下贯通梁横梁的水平度与平整度，以及检查定制钢骨架的加工拼装精确度，二者皆无误后方能进行定制钢骨架的安装。测量必须采用激光全站仪，仪器精度误差应满足规范要求，并由

专业技术人员负责。安装精度需达到以下要求：

a．构件与节点对接处的允许偏差应符合图 3-124 的规定。

项目	允许偏差	图例
箱形（四边形、多边形）截面、异形截面对接 $|L_1-L_2|$	≤ 3.0	

图 3-124　构件与节点对接处的允许偏差

b．同一结构层或同一设计标高异形构件标高允许偏差应为 5mm。

c．构件轴线空间位置偏差不应大于 10mm，节点中心空间位置偏差不应大于 15mm。

d．构件对接处截面的平面度偏差：截面边长 $l \leqslant 3m$ 时，偏差不应大于 2mm；截面边长 $l > 3m$ 时，允许偏差不应大于 $l/1500$。

采用汽车起重机进行横向贯通梁安装如图 3-125 所示。

（2）钢骨架吊装单元安装

1）吊装前准备工作

根据钢骨架单元安装方式及现场施工情况，将钢骨架单元在现场事先按安装顺序加工成二分之一定制钢单元网架系统，并编号。

每榀已拼装骨架最大重量约为 8t，加上胎架最大重量共计 9t。现场根据钢骨架在立面上的

图 3-125 采用汽车起重机进行横向贯通梁安装

高度分别拟采用 50t 吊车吊装高处骨架，拟采用 25t 吊车吊装低处钢骨架。吊装时钢丝绳固定点为单元骨架上端临时胎架两侧，能够最大程度减小吊装时整体骨架的晃动。

由于吊装钢骨架重量较大，在吊装过程中会引起以下问题：

a. 采用汽车起重机进行吊装时若未仔细核对额定吊装重量或未仔细核对汽车起重机占位与安装点的距离可能会造成无法正常起吊以及无法安全吊运至需安装高度。

b. 汽车起重机的自身重量增加以及吊装时再加上钢骨架的重量，会造成地面负荷加大，更容易造成地面破坏。

c. 钢骨架在提升过程中相若出现晃动现象相对于常规重量吊装物品更不容易控制平衡，可能因为碰撞产生安全事故，造成的伤害相对严重。

d. 钢骨架在安装位置就位后，骨架自身重量较大，若固定点未完全满焊前汽车起重机吊钩就

摘钩，骨架在自身重力作用下更容易引起变形甚至造成安全隐患。

针对以上问题，项目部制定相应措施进行解决：

a. 认真复核每次所需吊装的钢骨架的重量及吊运高度、距离，选择型号匹配的汽车起重机进行吊装工作，若初选汽车起重机各项指标最大值接近所吊运骨架的重量和吊运距离时，为保险起见，选择相比初选汽车起重机大一型号的汽车起重机进行本次吊运工作。

b. 根据每次吊运时汽车起重机占位地面的荷载调整汽车起重机底座支臂的支撑物品，除了常规的钢板铺垫地面作为汽车起重机支臂支撑物外，路况不好的地面可采用路基箱作为汽车起重机支臂的支撑物。

c. 吊装时钢丝绳固定点为单元骨架上端临时胎架两侧，能够最大程度减小吊装时整体骨架的晃动，同时单元骨架在起吊时后部两端绑紧缆风绳，在骨架由平面状态提升至垂直状态过程中地面辅助工人拽紧缆风绳控制单元骨架晃动，待单元骨架提升至垂直状态后，汽车起重机支臂慢慢摆动，将单元骨架缓慢吊运至待安装位置下方后再进行提升，尽量避免支臂同时摆动和提升作业，尽可能减小吊装过程中的骨架移摆动幅度。

d. 骨架就位后进行安装焊接工作，待骨架上下端与上下部贯通钢横梁连接点完全满焊后作业人员方能将作用于骨架上的汽车起重机吊钩摘除。

2）钢骨架吊装

钢骨架从操作台起吊时需采用两台吊车同时操作，吊点分别位于胎架顶端及尾端 1/3 处。起吊时两台吊车同时启动，将位于操作台的钢骨架缓缓水平提升，当骨架水平提升高度大于钢骨架长度时，与骨架上端相连的主吊车暂停作业，连接于尾端 1/3 处的副吊车缓缓落钩，支臂配合伸

长作业，将钢骨架的水平状态安全转变为竖直状态。钢骨架吊装过程如图 3-126 所示。钢骨架吊装起吊阶段如图 3-127 所示，钢骨架吊装过程如图 3-128 所示。

定制钢骨架吊装时从所安装立面一侧向另一侧依次安装，骨架在起吊过程中下端会微微向外倾斜，待定制钢骨架提升至高度与待安装位置平齐时，需暂停将钢架调整至垂直状态，采取的措施为在室内地面安装捯链，利用捯链缓缓将定制钢骨架下端向内侧拉动直至与上端竖向对齐，捯链一端与骨架底部连接，另一端与临时采用螺栓安装在地面的钢件固定。待定制钢骨架调整至垂直后，吊车支臂缓缓向内侧移动，楼层内作业人员配合将定制钢骨架牵引就位。骨架就位后将定制钢主龙骨分别与上下端通长横梁焊接固定，焊接时先点焊，点焊过程中采用经纬仪等仪器进行监测复核，待所有连接点点焊完成复核无误后再进行加焊，定制钢骨架焊接牢固后进行加固处理，采用 100×100×5 钢方通两端分别与骨架上端、下端及上下弦主龙骨中部满焊连接作为加固斜撑，此斜撑上下弦每个分格均要安装。

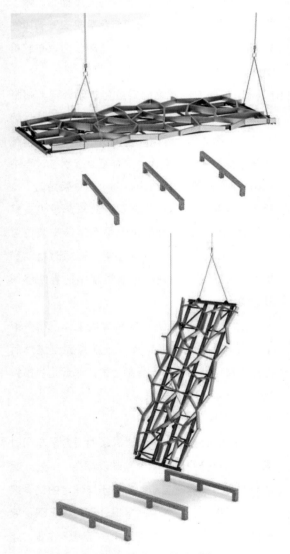

图 3-126 钢骨架吊装过程模拟

图 3-127 钢骨架吊装起吊阶段

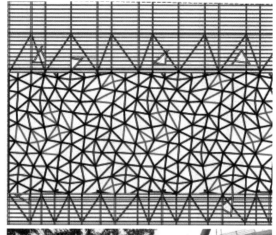

图 3-128 钢骨架吊装过程

在钢骨架安装过程中需做好安装精度控制，具体方法为：在安装前每单元骨架两侧设置控制点，每单元所拆分的四榀骨架在拼装及安装过程中产生的误差在本单元骨架内消化，避免误差积累，每单元钢骨架安装控制点设置如图 3-129 所示。

安装骨架时每两榀出厂骨架在现场拼接成一榀，每单元共计两榀后进行安装，第一榀骨架左侧安装对齐点与图 3-130 单元骨架左侧定位点吻合，第二榀骨架右侧安装对齐点与图 3-130 单元骨架右侧定位点吻合，将误差控制在两榀骨架之间架内解决，避免下一单元骨架安装时造成积累，以此类推，每个单元骨架内的安装误差均在本单元之内消化。

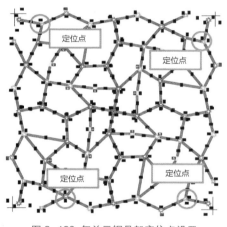

图 3-129 每单元钢骨架定位点设置

每吊装好一榀成品骨架后依次进行下一榀骨架安装，后一榀骨架除了上下端与通长横梁连接固定外，侧向还需与已安装好的定制钢骨架连接。就位后进行复核安装点是否与设计图纸有偏差，无误后开始进行焊接固定。焊接过程中吊钩微松（禁止松钩）使骨架处于受拉受力状态，待定制钢上下端主杆件完全满焊后方能摘吊钩。

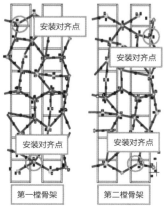

图 3-130 每榀定制钢骨架安装时的安装对齐点

两榀定制钢之间的竖向连接点焊接可在定制钢骨架安装完成后采用吊篮进行施工。钢架安装好以后，检查分格情况，部分分格需要进行次杆安装。次杆的安装，依据分格线进行安装，避免安装误差超过允许范围。次杆两端均与杆件连接点满焊固定。

定制钢骨架完全安装固定后，需进行临时胎架的拆除（图3-131），钢胎架采用气割或角磨机将胎架与骨架焊缝处切断，割除完后原焊缝需进行打磨处理，达到喷涂油漆标准。割除时胎架与汽车起重机挂钩绑定牢固，完全割除后采用吊车将胎架吊离原作业面。

安装过程中每两榀骨架之间拼接焊缝为一级熔透焊缝，对质量要求较高，因此需挑选技术熟练的工人进行作业，工人作业前除先进行技术交底外，每个工人需先进行焊接样板考核，通过考核后方能进行正式焊作业，同时此工作焊接工人需相对固定，不得随意更换，焊接过程中焊缝质量按表3-8要求进行控制。

图3-131 拆除胎架

焊接完成后需清理焊渣（图3-132），自检合格后需申请第三方检测机构到现场，在监理单位见证下，对所有拼接焊缝进行超声波探伤检查（图3-133），检查合格后方能进行下一步工作。

（3）安装后作业

钢骨架吊装安装完成后，需要进行焊缝清理、涂刷防锈漆、修补油漆等作业。

表3-8 焊缝质量等级控制表

检验项目	焊缝质量等级		
	一级	二级	三级
裂纹	不允许	不允许	不允许
未焊满	不允许	≤ 0.2mm+0.02t 且 ≤ 1mm，每 100mm 长度焊缝内未焊满累积长度 ≤ 25mm	≤ 0.2mm+0.04t 且 ≤ 2mm，每 100mm 长度焊缝内未焊满累积长度 ≤ 25mm
根部收缩	不允许	≤ 2mm+0.02t 且 ≤ 1mm，长度不限	≤ 0.2mm+0.04t 且 ≤ 2mm，长度不限
咬边	不允许	≤ 0.05t 且 ≤ 0.5mm，连续长度 ≤ 100mm 且焊缝两侧咬边总长 ≤ 10% 焊缝全长	0.1t 且 ≤ 1mm，长度不限
电弧擦伤	不允许	不允许	允许存在个别电弧擦伤
接头不良	不允许	缺口深度 ≤ 0.05t 且 ≤ 0.5mm 每 1000mm 长度焊缝内不得超过 1 处	缺口深度 ≤ 0.1t 且 ≤ 1mm，每 1000mm 长度焊缝内不得超过 1 处
表面气孔	不允许	不允许	50mm 长度焊缝内允许存在直径 <0.4t 且 ≤ 3mm 的气孔 2 个，孔距应 ≥ 6 倍孔径
表面夹渣	不允许	不允许	深 ≤ 0.2t，长 ≤ 0.5t 且 ≤ 20mm

注：t 为连接处较薄的板厚。

图 3-132 清理焊渣

图 3-133 焊缝超声波探伤检查

1）基层处理

钢龙骨焊接、检验完成后，应将所有焊缝处的焊渣清理干净，并采用角磨机进行打磨。

2）涂刷防锈漆

对清理干净的焊缝处进行防锈底漆喷涂。第一遍喷涂后，待干燥 12h 后再进行第二遍喷涂，不能漏喷。喷涂防锈底漆是节点防锈的主要环节，必须严格把关，并设专人负责。

3）油漆修补

a. 表面涂装修补：定制钢骨架在吊装过程中极易造成饰面油漆划伤，因此需对吊装好的定制钢骨架饰面进行修补。修补前用角磨枪配钢丝刷等工具除去电焊缝、机械损坏等锈蚀，然后用溶剂彻底清洁，水分、尘埃等用抹布、铁砂纸或钢丝刷进行清理。

b. 最后进行整体面漆的喷涂或修复，工序同上文钢骨架油漆喷涂。喷涂质量须达到设计要求效果。现场采用吊篮进行油漆修补工作如图 3-134 所示。

图 3-134 现场采用吊篮进行油漆修补工作

3.12　安装精度控制

由于此系统钢结构造型复杂，每根龙骨的安装位置都与最终的安装效果有直接影响，必须精确复核龙骨安装位置，才能确保其能与面板完美贴合。

3.12.1　安装误差

实际工程有加工偏差、组装偏差、焊接应力、温度应力等因素导致的误差，这些误差需要我们去收集误差信息，分析原因，然后消除误差。钢结构尺寸偏差控制范围如表 3-9 所示。

3.12.2　安装结构复核

常规的钢结构复核方式有两种：一是采用卷

表 3-9 钢结构尺寸偏差控制范围

项目（mm）		允许偏差（mm）
节点中心偏移	$D \leqslant 500$	2.0
	$D > 500$	3.0
杆件中心与节点中心的偏移	$d\,(b) \leqslant 200$	2.0
	$d\,(b) > 200$	3.0
网格尺寸	$l \leqslant 5000$	±2.0
	$l > 5000$	±3.0
锥体（桁架）高度	$h \leqslant 5000$	±2.0
	$h > 5000$	±3.0
对角线尺寸	$A \leqslant 7000$	±3.0
	$A > 7000$	±4.0
平面钢骨架节点处杆件轴线错位	$d\,(b) \leqslant 200$	2.0
	$d\,(b) > 200$	3.0

尺手动测量尺寸，本项目的定制钢为平面三角拼花结构，因为零件多、角度多，显然测量工作量大，且精度不高。二是采用全站仪测量。相对于手工测量，只需要测量所有三角形的顶点中心坐标就可以了，但节点数量依然众多，测量工作量巨大。同时因为花费时间较长，还会影响现场施工工序，比如吊篮施工、底漆施工等。

钢结构偏差控制范围如表 3-10 所示。

表 3-10 钢结构偏差控制范围

序号	位置	偏差值
1	构件形状尺寸误差	≤ 0.5mm
2	单元内每榀每米允许误差	±1mm
3	节点间距误差	±2mm
4	每片分割单元整体钢架误差	±5mm
5	钢架焊接完成后平整度误差	±5mm

随着激光扫描设备的成熟，最近几年三维扫描技术的应用多了起来。相对于传统测量方式，这个技术有这几个特点：

（1）速度快。三维扫描仪扫描速度能达到百万点 /s。

（2）精度高。数据采集精度高，精度能达到 ±1mm。

（3）直观性强。采集的点云数据，不仅仅有空间信息（X、Y、Z），还具有颜色信息（R、G、B）以及反射率值（I），点云模型可以直观地反映现场情况。

（4）适用性强。受外界影响较小，无光条件下亦可测量；成果多样性，一次测量输出多种成果，无需反复测量。

（5）非接触测量。远离危险区域，充分保障设备和操作人员的安全。

全站仪与激光扫描特点对比如表 3-11 所示，三维扫描仪扫描点云数据及扫描点云数据与理论模型对比如图 3-135、图 3-136 所示。

经过比较，项目最终采用激光扫描的方式来复核。通过激光扫描仪收集的点云数据与原始理论模型进行比对，复核钢结构施工偏差。

表 3-11 全站仪与激光扫描特点对比表

	全站仪方案	激光扫描仪方案
细节丰富程度	特征点	海量点云
外业自动化	特征点单点手动瞄准	一键自动式扫描
偏差三维复核	单点检测	三维整体检测
建模	若干散点，难以建模	精准建模
效率	2．3s 一个点	每秒百万点
预拼装	难以进行	精准建模出加工参数

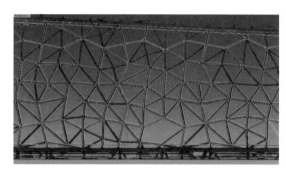

图 3-135 三维扫描仪扫描点云数据

图 3-136 扫描点云数据与理论模型对比

在钢结构安装完成之后，拆除辅助支撑措施后方可开始测量。根据现场视野条件和钢结构情况，结合工程轴网和总包控制点，来确定扫描基点、布设基站，获得点云数据。点云经过去噪、合并、坐标系转换，即可进入三维模型拟合。模型拟合还要区分标准件和非标准件，标准件可以使用软件自动匹配拟合，非标准件则需要根据实际情况定制零件拟合方案，以手工或者编程的方式来解决。三维扫描流程如图 3-137 所示。

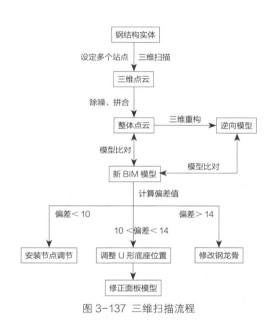

图 3-137 三维扫描流程

通过三维点云与理论模型对比，计算出各位置的偏差情况。对于不同的偏差情况进行分类，针对不同的偏差尺寸使用不同的调整方案。根据我们前期对 A1 系统幕墙节点的优化，在铝合金底座不露出来的情况下，龙骨的铝合金底座在左右两侧均有 14mm 的误差消化空间。如图 3-138 所示。

根据点云和逆向模型与理论模型进行比对，将误差根据偏差大小分为 0 ～ 10mm、10 ～ 14mm、14mm 以上三类，根据不同的类别使用不同的处理方式。其实工程中大部分误差在 10mm 以内，不需要修改。对于 10 ～ 14mm 的

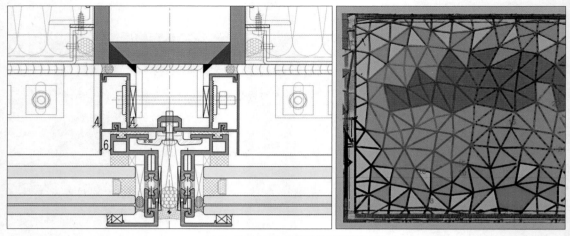

图 3-138 A1 系统节点及误差消化

误差则采用调整 U 形钢槽定位，通过减小 U 形钢槽和型材之间的硬质垫块厚度来调节一部分偏差。对于偏差超过 14mm 的部分杆件则通过现场切割、重新焊接、打磨、喷涂的方式来解决。

A1 系统室内外效果如图 3-139、图 3-140 所示。

经过工程实践检验，以上调整方式完美解决了龙骨的偏差问题，实现了花格钢架的高精度安装。

图 3-139 A1 系统室内效果　　　　　　图 3-140 A1 系统室外效果

3.13　小结

本项目幕墙花格定制钢结构大量运用，存在跨度大、造型复杂、结构受力情况复杂等难点，经过深化设计后，不但使整体钢骨架挠度减小 4mm，控制在 30mm 以内，还降低了现场的工作量及工作难度。

通过在下料阶段使用 BIM 软件辅助下单减少错误、提升精度，在加工阶段严格控制钢件和钢骨架的加工质量和精度，在安装阶段分区控制钢骨架安装精度，最后再结合三维扫描技术来校核修改，完美控制了钢骨架的施工精度，为后续面板安装创造了便利条件。

另外前期节点构造方案也充分考虑了铝合金型材和钢结构之间的误差吸收和调节，为后期的钢节点偏差消化提供了巨大的空间。

4

CHAPTER

第 4 章

三角形拼花瓷板
及单元窗体系

4.1 瓷板板块尺寸及利用率

拼花渐变瓷板是张江科学会堂幕墙最大的特色，瓷板颜色有 10 种，呈现出墨绿色到亮白色的渐变效果。三角形瓷板总共 3 万余块，合并后形状约有 9500 种，瓷板的长边尺寸集中在 1.2 ~ 1.9m 范围内。本工程中的原板尺寸是 1200×2400 的矩形板，由于瓷板类型过多且为三角形，尺寸偏长，接近瓷板原片尺寸，因此初步套料结果显示，板材利用率低下。方案未优化前，采用手工套料的瓷板利用率为 58%，意味着有近一半的瓷板会浪费，这显然不够经济。

针对如何提升利用率的问题，项目采取了以下四种措施：

（1）采用高利用率的花格造型

设计采用一些本身利用率较高的瓷板组成一个花格图案，此花格图案通过旋转、拼接组成整个瓷板体系，边缘则根据边界情况进行手工调整。这样不仅能实现随机瓷板效果，也能提升利用率。单一花格标准单元共有 34 块面板，总面积 23.51m^2。在刀缝 5mm 的情况下，花格标准单元瓷板套料情况如图 4-1 所示，不同套料软件对比如表 4-1 所示。

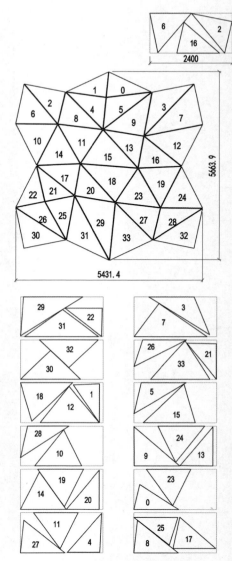

图 4-1 花格标准单元瓷板套料

表 4-1 不同套料软件对比

序号	软件	使用是否便利	套料速度	使用原板数量	花格综合利用率
1	软件一	较方便	较慢	130	62.8%
2	软件二	较方便	较慢	135	60.5%
3	软件三	较方便	较慢	128	63.8%
4	软件四	非常方便	较慢	—	计算失败，部分板块判断超宽
5	软件五	方便	较快	127	64.3%

经过套料后实际使用 1200×2400 原板 13 块，因此利用率为：

$$UR=23.51/1.2/2.4/13=62.8\%$$

通过瓷板花格形式的使用，使得基本利用率获得较大提升。

（2）使用算法更强的套裁软件

不同的套裁软件算法有较大区别，对利用率有较大影响。项目通过比较在相同板块类型和数量情况下的利用率，来确定最佳软件。由于板块数量较少的情况看不出优化效率，因此我们将花格板块数量设定为 10 倍，提升样本数量，保证公平性。

经过各方软件对比套裁利用率，我们最终确定采用 Tekla Structures 套裁软件来对瓷板进行优化，其利用率与最低利用率软件相比有大约 5% 的提高。

（3）加大同一批次套材范围

理论上原板数量和种类越多，套材可能性越多，更容易提升板材利用率。我们结合现场施工顺序和瓷板厂加工能力，对整体分为五个大批次进行整体套料，大约能提升 3% 的利用率。

（4）在边缘增加小尺寸分格

在不影响外观效果的前提下，对需要进行深化设计的女儿墙收口部位瓷板，通过微调尺寸，达到与标准板块产生互补效果。这样大约能提高约 1% 的利用率。瓷板批次划分如图 4-2 所示。

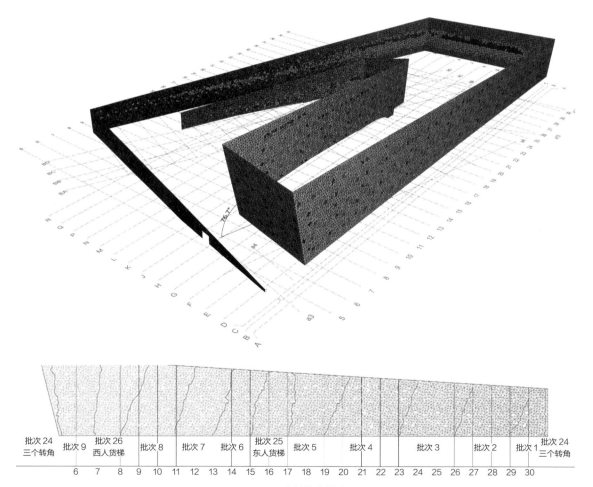

图 4-2　瓷板批次划分

4.2　瓷板固定点分析

4.2.1　背栓拉力设计值

A1 系统为副框和背栓组合的系统，因此瓷板固定点设计首先需要确定单个背栓拉力的设计值。通过以下两步分别确定背栓抗拔承载力设计值和面板抗剪设计值，取其较小者作为单个固定点的设计拉力上限值。

（1）背栓拉拔试验

参考现行地方标准《建筑幕墙工程技术标准》DG/TJ 08-56 中的规定，单个背栓受拉承载力设计值 R_t 应通过拉拔试验确定。材料强度安全系数取 2.5 ~ 3.0，所得设计值不应小于经验公式（4-1）。当设计值小于式（4-1）时，材料强度安全系数应取 3.5。

$$R_t = \frac{C \times f_k^{0.6} \times h_v^{1.7}}{3.0} \qquad （4-1）$$

式中：C——材质系数，瓷板取 20；

　　　f_k——面板抗弯强度设计值，取 15N/mm²；

　　　h_v——锚固深度，取 9mm。

根据式（4-1）计算拉拔力设计值为：R_t=1418N=1.418kN。而实际背栓拉拔力试验结果标准值如表 4-2 所示，最小为 3.7kN。考虑材料强度安全系数 3.0，拉拔力设计值为 3.7/3=1.23kN＜R_t，不满足要求。则拉拔力设计值需考虑安全系数 3.5，即拉拔力设计值 R_t=3.7/3.5=1.052kN。所以背栓实际受拉力值不得大于 1.05kN，并以此作为后续计算分析的基本要求。

（2）背栓面板抗剪设计

根据规范规定，瓷板抗剪强度为 f_v=7.5N/mm²，利用现行地方标准《建筑幕墙工程技术标准》DG/TJ 08-56 中定义的面板抗剪承载力公式，反算背栓锚固于瓷板上时其抗拉力、抗压力。瓷板剪应力计算公式如式（4-2）和式（4-3）所示：

$$负压时\ \tau_k = \frac{S_z \times a \times b \times \beta}{n \times \pi \times (d + h_v) \times h_v} \qquad （4-2）$$

$$正压时\ \tau_k = \frac{S_z \times a \times b \times \beta}{n \times \pi \times (d + t - h_v) \times (t - h_v)} \qquad （4-3）$$

式中：S_z——组合荷载设计值；

　　　a——面板短边长度；

　　　b——面板长边长度；

　　　n——连接边上的背栓数量；

　　　h_v——锚固深度，取 9mm；

　　　β——应力调整系数；

　　　d——背栓锚栓孔直径，为 8mm；

　　　t——瓷板厚度，为 15mm。

其中背栓拉力 / 压力 $F = S_z \times a \times b \times \beta / n$

计算瓷板锚栓承载力结果如下：

抗拉承载力

F_t=7.5×3.14×(8+9)×9=3603.15N；

抗剪承载力

F_n=7.5×3.14×(8+15-9)×(15-9)=1978.2N。

根据上述计算结果，综合拉拔试验值，面板抗剪承载力大于试验得到的拉拔力设计值，所以

表 4-2　实际背栓拉拔力试验结果标准值

检测设备	ZY-01 锚杆拉力计 1861701					
	试件编号	检测项目	检测部位及编号	设计要求（kN）	荷载实测值（kN）	破坏形式
检测结果	1				3.8	瓷板锥体破坏
	2	抗拉	—	—	3.7	瓷板劈裂破坏
	3				4.0	瓷板劈裂破坏

取试验拉拔承载力设计值 R_t=1.05kN 作为锚栓抗拉承载力设计值。

4.2.2 副框及背栓固定（A1系统）

A1系统为副框和背栓组合的系统，对于钢龙骨位置要求不高，我们可以安排合理间距和数量来固定瓷板，不用考虑龙骨间距的问题。

（1）瓷板背栓受力分析

最终A1系统瓷板背栓孔位设置于距角点1/5边长的位置，孔距不大于1100mm，每条边2个背栓孔，每块瓷板共计6个背栓孔。单元花格瓷板布孔图如图4-3所示。

瓷板与玻璃相同，分布无明确规律，选取小单元内部四块最大瓷板进行分析（图4-4）。瓷板厚度为15mm，背栓连接。背栓边距为60mm，背栓沿边长间距不大于1100mm。按此利用SAP2000非线性有限元软件进行计算。

瓷板基本物理参数：E=0.6×105MPa；ν=0.25；φ=23kN/m³。

选取较大面积瓷板，按照实际背栓布置建立瓷板计算模型及支撑点，施加荷载并定义荷载组合。分析得到瓷板面板内主拉应力最大值为10.8MPa，低于瓷板设计强度，因此瓷板强度满

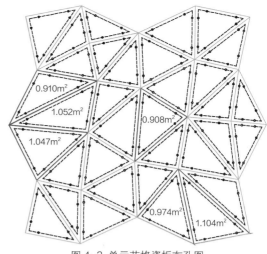

图4-3 单元花格瓷板布孔图

足设计要求。

瓷板背栓最大拉力为 N_t=0.98kN ≤ 1.05kN（拉拔力设计值）。通过对比瓷板拉拔力试验结果，背栓承载力满足要求。面板主拉应力图如图4-5所示，锚栓拉力分布图如图4-6所示。

（2）瓷板孔位的软件自动布置

使用犀牛软件提取瓷板边线，根据边线向内偏移60mm计算出瓷板固定点中心线，由于铝合金副框有切角，需要根据角度自动计算切边长度，避开切角部分，避免布置到受力不合理位置。

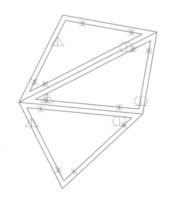

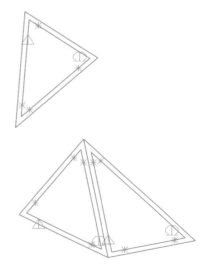

图4-4 选取小单元内部四块最大瓷板进行分析

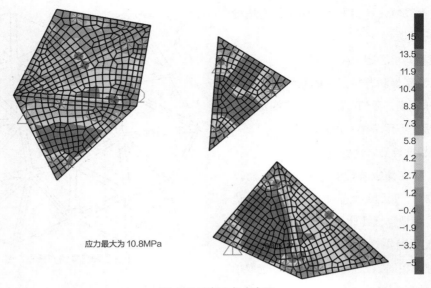

应力最大为 10.8MPa

图 4-5 面板主拉应力图

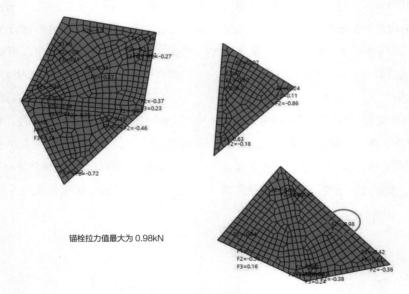

锚栓拉力值最大为 0.98kN

图 4-6 锚栓拉力分布图

最后还需要根据最小背栓间距 200mm 来调整孔位，完成瓷板布孔。软件自动布置孔位如图 4-7 所示。

4.2.3 背栓和铝挂件固定（A2 系统）

A2 系统瓷板为随机排布，如果龙骨以瓷板边来排布，不仅加工困难、安装困难，也会造成龙骨材料的大量浪费。因此根据瓷板的最小固定点数量、最小间距、施工的便利性，同时考虑最大化龙骨利用率，我们采用水平布置的方式来布置瓷板龙骨。经过软件分析确定了最合适的龙骨竖向布置间距为 379mm。

（1）瓷板背栓受力分析

张江科学会堂的瓷板幕墙系统是上海地区首次大面积使用瓷板作为主要的幕墙面板，同时其面板大小与水平面的夹角均不相同，花格瓷板幕墙完成后实景效果如图 4-8 所示。不同的瓷板

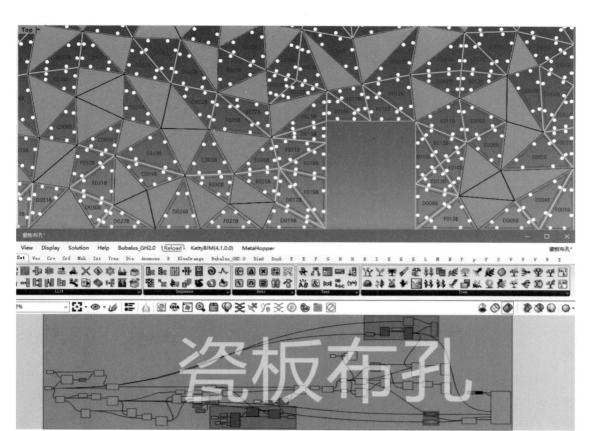

图 4-7 软件自动布置孔位

图 4-8 花格瓷板完成后实景效果

面板拼成一个小的瓷板基础单元，小瓷板单元通过逆时针旋转组成一个大的瓷板标准单元，大瓷板单元通过行与列的复制构成幕墙面。花格瓷板布置单元如图 4-9 所示。以 A1 小单元为基础单元，绕右下角顺时针旋转 90°，依次形成 A1a、A1b；A1 单元绕右下角沿逆时针旋转 90° 形成 A1c；4 个小的基础单元组成大的标准单元。

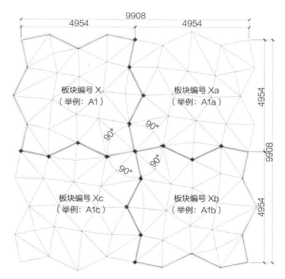

图 4-9 花格瓷板布置单元

瓷板后部支撑龙骨为等间距 379mm 均匀布置。同时，根据现行行业标准《人造板材幕墙工程技术规范》JGJ 336 的要求，背栓中心线距边距不小于50mm，并且不大于200mm。所以背栓需要布置在横梁线上且距边缘60mm范围内，瓷板与背栓布置关系示意如图4-10所示。

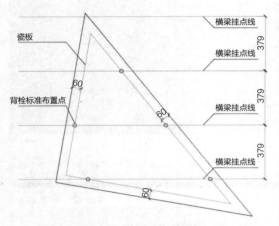

图 4-10 瓷板与背栓布置关系示意图

瓷板与横梁关系复杂，按照以上条件布置锚栓后会出现部分瓷板少于4颗背栓、部分瓷板超过5颗背栓、背栓距瓷板悬挑边大于200mm等情况。所以需要对背栓布置进行受力分析，相应增加或减少背栓，或者局部增加后支撑杆件、增加背栓固定位置等处理措施，并校核背栓承载力是否满足要求。

（2）瓷板背栓布置分析

1）瓷板背栓拉力计算分析

根据背栓布置基本原则，花格标准单元瓷板背栓布置如图4-11所示。根据瓷板背栓布置建立计算模型，分别计算每个基础单元上背栓的拉力。

瓷板背栓计算模型如图4-12所示。按照前述背栓布置的原则，分别建立基础单元的计算模型。计算模型中，面板与面板之间通过指定边释放功能，释放掉相邻瓷板之间的所有约束，包括到剪力及弯矩的传递，即保证每块瓷板均为独立的瓷板，不会相互影响。

经过对基础单元内所有瓷板的背栓拉力计算，找到了背栓拉力值大于R_t的背栓点位，如

图 4-11 花格标准单元瓷板背栓布置图

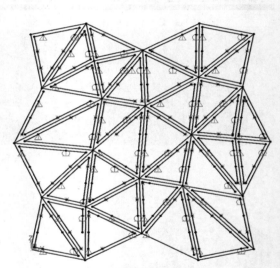

图 4-12 瓷板背栓计算模型

图4-13、图4-14、图4-15、图4-16所示的背栓拉力。可以根据背栓点位，查找到计算模型中背栓拉力超过R_t的瓷板及其背栓布置。

2）瓷板背栓布置优化方案

根据瓷板单元的背栓拉力计算，总结有如下要求：

a. 单块瓷板背栓数量不小于4颗。

b. 当瓷板第三边上无背栓时，与第三边相邻的两个背栓之间间距应小于1200mm，并且第三边中点到此背栓组距离小于200mm。

c. 瓷板第三边悬挑面积小于$A=0.35m^2$。

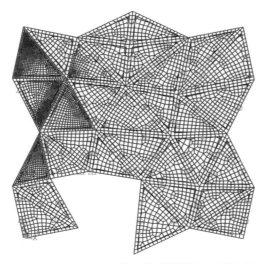

	节点反力	
序号	节点号	F_2 (kN)
1	137	-1.385
2	48	-1.343
3	45	-1.331
4	267	-1.268
5	134	-1.203
6	243	-1.201
7	194	-1.118
8	127	-1.113
9	191	-1.096
10	154	-1.07
11	272	-1.051
12	264	-1.025
13	239	-1.011
14	60	-0.998
15	178	-0.973

图 4-13 基础单元 A1 较大拉力背栓点结果

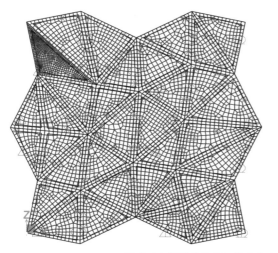

	节点反力	
序号	节点号	F_2 (kN)
1	218	-1.243
2	231	-1.225
3	279	-1.158
4	225	-1.08
5	84	-1.053
6	3482	-1.024
7	101	-0.966
8	223	-0.948
9	1196	-0.947
10	320	-0.927

图 4-14 基础单元 A1a 较大拉力背栓点结果

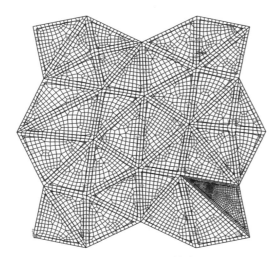

	节点反力	
序号	节点号	F_2 (kN)
1	774	-1.509
2	716	-1.331
3	203	-1.232
4	259	-1.222
5	138	-1.072
6	76	-1.064
7	159	-1.031
8	201	-0.993
9	298	-0.979
10	266	-0.933

图 4-15 基础单元 A1b 较大拉力背栓点结果

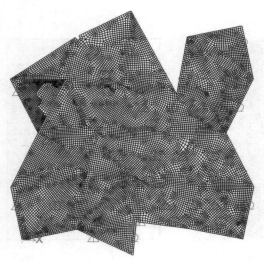

节点反力		
序号	节点号	F_2 (kN)
1	238	-1.453
2	80	-1.433
3	83	-1.349
4	86	-1.318
5	1976	-1.29
6	243	-1.264
7	177	-1.188
8	94	-1.175
9	182	-1.116
10	115	-1.083
11	42	-1.073
12	135	-1.071
13	91	-1.064
14	259	-1.034
15	112	-1.026

图 4-16 基础单元 A1c 较大拉力背栓点结果

| 参数化幕墙的实践 上海张江科学会堂表皮解析与建造

满足要求的标准背栓布置如图 4-17 所示。

根据图 4-17 中背栓布置，第三边中点距背栓距离为 200mm，背栓间距为 1200mm。其背栓受拉力估算如下：

图 4-17 中瓷板悬挑面积估算时考虑面板角度倾斜系数 1.2，则 $A=1.200 \times 0.200 \times 1.2 = 0.288m^2$；

瓷板受面荷载设计值为 $q=3.5kPa$；

背栓反力不均匀分布系数 $\beta =1.25$；

横梁间距为 $b=0.379m$。

下排单个背栓受横梁上部面板传递拉力为：

$F_1=1.2 \times 0.379 \times 3.5/4=0.40kN$

左侧背栓受横梁下部拉力估值为：

$F_2=0.288 \times 1.25/2 \times 3.5=0.63kN$

则右侧背栓受拉力为：

$F=0.4+0.63=1.03kN < R_t=1.05kN$

根据估算结果，按照图 4-17 锚栓布置与软件分析相符，满足承载力要求。

不满足前述背栓布置中 b、c 条规则的瓷板，需要在第三边增加背栓。处理方法为在两横梁之间增加小连杆以固定背栓，如图 4-18 所示。

不满足背栓布置中 a 条规则的瓷板，也可按

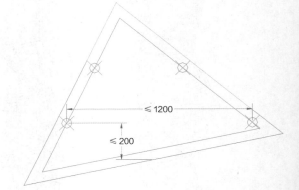

图 4-17 满足要求的标准背栓布置图

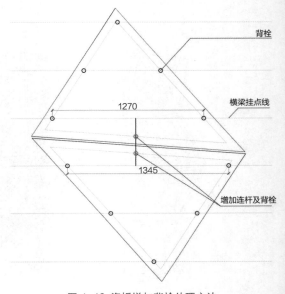

图 4-18 瓷板增加背栓处理方法

照上述对应处理方法增加背栓。当面板太小时，增加背栓会增加成本，且锚栓间距较小，不利于安装，如图 4-19 所示 3 颗背栓的瓷板。此时需校核瓷板在 3 颗背栓的情况下，瓷板承载力是否满足要求。

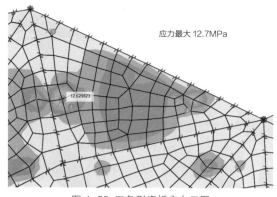

应力最大 12.7MPa

图 4-20 三角形瓷板应力云图

根据图 4-20 所示，计算得到三角形瓷板应力最大为 12.7MPa，小于瓷板设计强度值 15MPa，强度满足要求。

综上所述，通过对所有基础单元中瓷板及瓷板背栓分析，找到瓷板背栓布置规律，调整了瓷板背栓布置，使瓷板强度及背栓抗拉强度均满足要求。

4.2.4　瓷板孔位的软件自动布置

使用犀牛软件提取瓷板边线计算出瓷板固定点中心线，同时根据龙骨中心线确定挂点水平中心线，使用软件自动布置瓷板固定点，并根据瓷板面积将瓷板固定点控制在最小 3 个，最大 6 个。瓷板固定点确定流程如图 4-21 所示，编写布孔程序如图 4-22 所示，软件自动布置孔位如图 4-23 所示。

因为瓷板铝合金挂件长度有 120mm，因此如果挂点水平距离小于 120mm，会导致铝合金挂件产生干涉，因此我们对瓷板挂点的最小间距控制在 200mm 以上。通过软件计算来调整开孔位置，并生成挂件定位图。

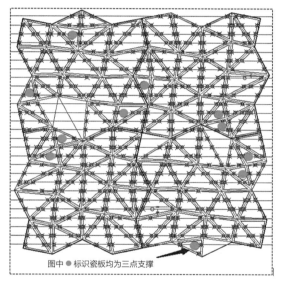

图中 ● 标识瓷板均为三点支撑

图 4-19 3 颗背栓的瓷板

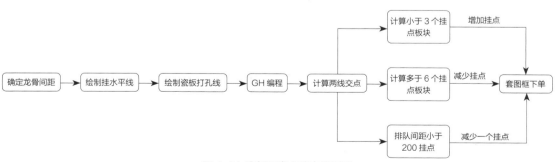

图 4-21 瓷板固定点确定流程图

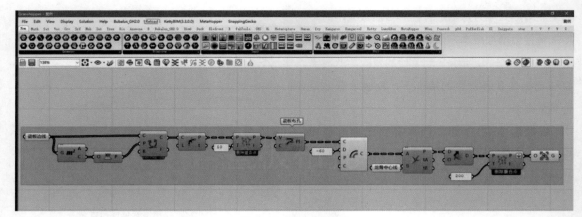

图 4-22 编写布孔程序

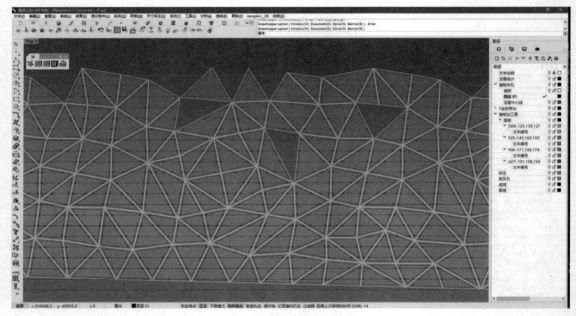

图 4-23 软件自动布置孔位

4.3 瓷板工艺图

瓷板工艺出图采用 Rhino＋Grasshopper 软件批量出图，软件自动识别瓷板编号、颜色、孔位，生成工艺图和加工编号，标注尺寸。

软件生成工艺图的方式杜绝了人工出图错误的可能性，也大大提升了出图效率，降低了时间成本和费用成本。部分软件生成工艺图流程如图 4-24～图 4-26 所示。

另外，为了方便现场瓷板摆放及安装，我们对瓷板编号进行了设计。通过瓷板分面、分批次编号，针对任何板块，工人均可从板块编号上看出板块颜色、安装位置等信息，便于提升现场瓷板摆放管理和安装效率。瓷板编号说明如图 4-27 所示。

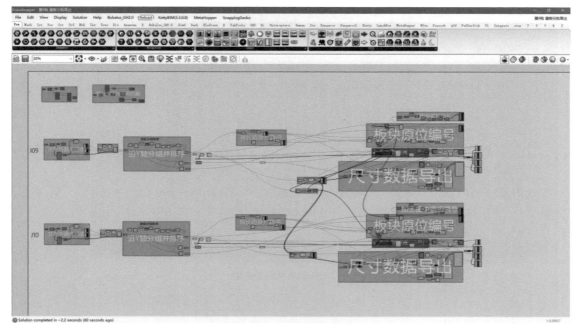

图 4-24 针对瓷板编制程序

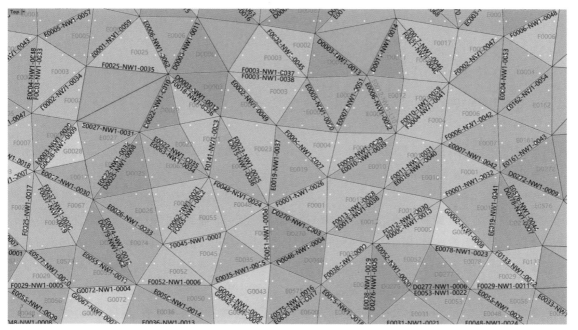

图 4-25 自动对瓷板编号

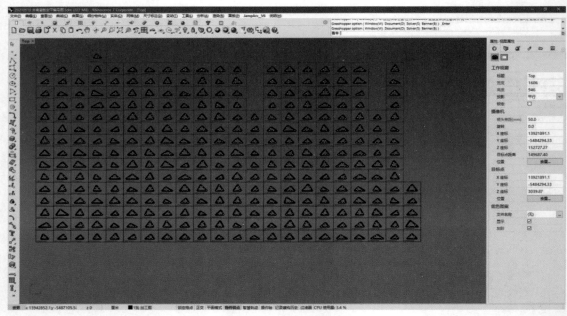

图 4-26 软件生成工艺图

图 4-27 瓷板编号说明

4.4 瓷板安装定位

4.4.1 副框固定瓷板安装（A1 系统）

本系统龙骨与瓷板分格对应布置，构造如图 4-28 所示。

A1 系统定制钢骨架基本原则是按 1/4 标准单元格在车间依据设计图组焊，运输到现场，相邻骨架拼焊成一个 1/2 标准单元格，吊装定位后再与旁边单元格焊接。依此类推最终完成 A1 定制钢骨架的安装工作。虽在各环节都严格控制了施工质量，也不能保证定制钢网格绝对满足原设计瓷板分格尺寸。为此瓷板的实际下单尺寸与相应的玻璃一样，是根据定制钢安装后使用专业扫描数据进行设计加工的，从而保证瓷板完美安装在定制钢骨架上。

A1 系统定制钢结构现场安装并复核安装精度满足后，找到 A1 系统骨架杆件交会节点中心并进行标识，然后利用相邻中心点弹线标记每两块相邻三角形瓷板之间缝隙的中心线，同时此线也是固定三角形瓷板副框的 U 形槽转接件中线，以此线确定 U 形槽在骨架杆件短边方向安装位置。转接件为 75×46×5 镀锌 U 形钢，每个槽件长度为 50mm，要求在骨架杆件短边方向槽件安装偏差小于 8mm。由于瓷板副框为通长，因

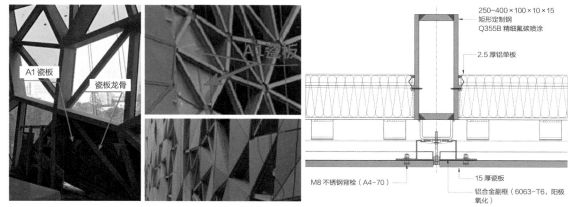

图 4-28 副框固定瓷板构造

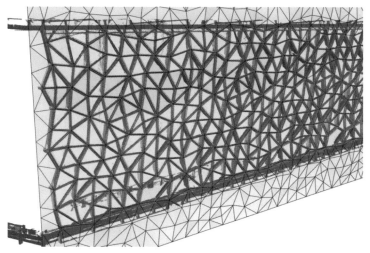

图 4-29 根据扫描点云修正理论模型

此 U 形槽转接件在骨架杆件长边方向安装数量和间距需满足设计要求。根据扫描点云修正理论模型如图 4-29 所示。根据修正模型定位 U 形槽如图 4-30 所示,面板间缝中线如图 4-31 所示,U 形槽布置如图 4-32 所示。

U 形槽转接件采用焊接的方式与骨架杆件连接固定,焊缝为三级角焊缝。U 形槽安装完成后,需在中心开机丝孔用于机制螺丝固定面板副框,机丝孔规格为 M5,开孔时先采用 M4.5 钻头在 U 形槽件中心开孔,再用螺纹加工丝锥攻出 M5 螺纹。在开机丝孔的过程,若发现 U 形槽安装与中心线有少许偏差,可将机丝孔中心与龙骨中心线吻合即可。

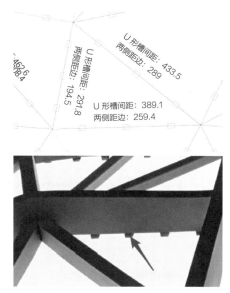

图 4-30 根据修正模型定位 U 形槽

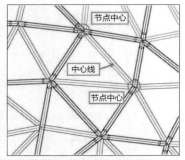

图 4-31 面板间缝中线

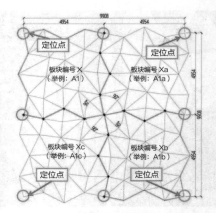

图 4-33 瓷板面层安装定位点示意图

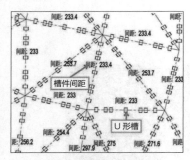

图 4-32 U 形槽布置示意图

参数化幕墙的实践 上海张江科学会堂表皮解析与建造

U 形槽安装及机丝孔开孔完成后进行瓷砖面板安装，面板安装需注意以下事项：

（1）面板安装是项目的重要工序之一，是对骨架精确定位的重要检验。

（2）在验收合格的骨架上，按立面排版布局由低向高分为若干单元（每个瓷板单元宽度按相对应钢骨架单元对照）。

（3）在既定单元范围内按施工图排版要求弹好面板之间的分格中心线，并确定好定位点。根据本系统实际情况，定位点确定在每个瓷板花格单元的边四角，以及花格四边中心瓷板端点，用于控制本单元内瓷板的排布（图 4-33）。

（4）每个单元面板分格排版所产生的误差在本单元内消化，严禁累计误差影响立面面板布局。

（5）板块初装完成后就对板块进行调整，调整的标准即横平、竖直、板与板之间缝隙宽窄与图纸要求一致，而且胶缝顺直，面平（即各瓷板面层在同一平面内或弧面上）。

（6）板块调整完成后要进行固定，由于本系统为隐框幕墙，各边采用压块固定，压块与铝合金底座采用机制螺栓固定，压块间距不大于 300mm，螺栓必须拧紧，将板块固定牢固。

4.4.2 背栓固定瓷板龙骨（A2 系统）

与 A1 系统定制钢龙骨不同，A2 系统的钢龙骨并不是与瓷板分格对应的。其基本原则是竖立柱按不大于 3m 间距分布，次龙骨横梁按竖向间距 379mm 布置。该横梁布置是根据瓷板花格的原始数据以 1/13 的尺寸均布。

原设计施工图中，A2 系统瓷板基座为 120mm 长分段排布的。基座的定位原则是按瓷板背栓孔与间距 379mm 排布的横梁交点来定位。A2 系统瓷板龙骨布置模型如图 4-34 所示，瓷板龙骨布置如图 4-35 所示，瓷板挂点布置如图 4-36 所示。

在施工阶段，考虑到工程工期紧迫，为提高安装效率，将分段基座改为通长基座布置（图 4-37）。这种调整，一方面不必核对每个基座定位点尺寸，大大提高施工效率；另一方面，基座通长，基座进出尺寸得到更好控制，且更能消除瓷砖背后挂件的左右偏差，保证了瓷板安装后的平整度和精度。

由于本工程 A2 系统面积大、数量众多，根据现场施工安排将 A2 系统按区域分为若干批次。设计下料、材料加工以及现场安装都按照事先划

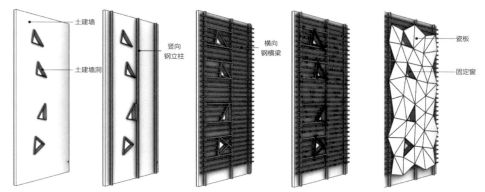

图 4-34　A2 系统瓷板龙骨布置模型

图 4-35　A2 系统瓷板龙骨布置

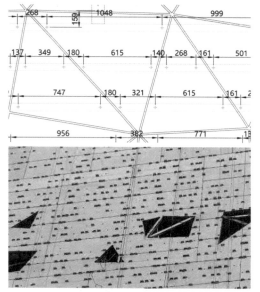

图 4-36　瓷板挂点布置

分的批次有序进行，做到有条不紊（图 4-38）。本工程有 10 多种颜色的瓷板，加工和安装时一定要注意编号以免混淆。

　　本工程所用瓷板为 15mm 厚，根据规范要求以及实际操作情况，本工程瓷板背栓孔深度宜为 11mm。因此将自动开孔器开孔限位深度调到 11mm，防止孔深过大破坏瓷砖面层，满足规范要求。瓷板到场后需采用仪器检查背栓孔质量是否合格。不合格的背栓孔不能使用，需重新钻孔。

图 4-37　后改为通长基座布置

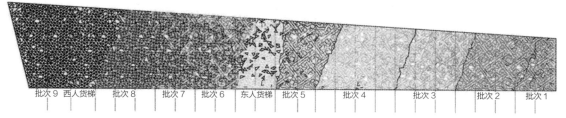

图 4-38　按划分批次进行材料下单、加工及安装

检查合格后的瓷板背面需种植背栓，并将瓷板与铝挂件采用背栓连接牢固，种植背栓时应轻轻敲击背栓尾部，让背栓顶部缓缓深入背栓孔。接触到孔底后停止敲击，然后采用扳手将挂件与瓷板固定。

瓷板背面安装好挂件后进行瓷板挂装（图4-39），由于本工程瓷板均为三角形，为保证瓷板安装准确度，需设置多个定位点。定位点位于立面四边及玻璃窗周边（图4-40）。

安装时每个单元面板分格排版所产生的误差在本单元内消化，严禁累计误差影响立面面板布局。板块初装完成后就对板块进行调整，调整的标准即横平、竖直、板与板之间缝隙宽窄与图纸要求一致。安装由立面的一侧向另一侧依次进行（图4-41）。

图 4-39 瓷砖背面的安装挂件

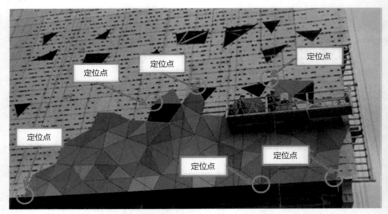

图 4-40 A2 系统瓷砖安装定位点布置

图 4-41 A2 系统瓷砖安装由立面的一侧向另一侧依次进行

4.5 瓷板防坠落体系

瓷板本身为脆性材料，即使采用安全性较高的背栓系统连接，也不能完全避免安装后瓷板的破损脱落。

本工程瓷板幕墙根据角度分类，有竖直面和外倾斜面两种形式，其中外倾面与地面夹角为76.7°。根据现行地方标准《建筑幕墙工程技术标准》DG/TJ 08-56 第11.5.11条，水平悬挂或外倾挂装的人造面板，连接部位应予加强，并有防坠落措施。结合业主要求，我们针对竖直区和倾斜区幕墙分别设置了两种防坠落措施。

4.5.1 竖直瓷板区域采用常规背网

对于垂直立面的瓷板，在瓷板背侧使用玻璃纤维网格布，配合专用胶水，有效防止瓷板破损后坠落伤人。玻璃纤维网格布检测报告如图4-42所示。

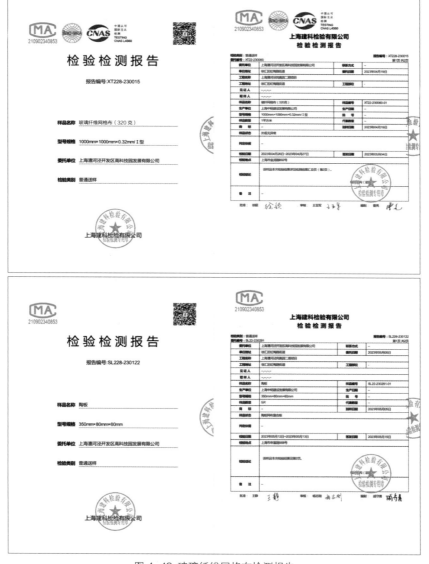

图 4-42 玻璃纤维网格布检测报告

4.5.2 外倾区域采用专用加强背网及防坠绳

而对于外倾的西立面，瓷板破损和脱落的危险系数会更大一些。我们采用安全性更高的背网、胶水以及防坠落系统。如图4-43所示，红色标记区域为高能石材防坠系统布置区域，防坠钢片（置于防坠网内）、在防坠钢片上固定钢丝绳分别如图4-44、图4-45所示。钢丝绳与铝合金挂件固定如图4-46所示。

该系统质量及服务保证如下：

（1）防坠钢丝静态荷载≥500kg。

（2）满铺加固布，拉伸断裂强度2000N/50mm。

（3）滚筒剥离强度，80～100Nmm/mm。

（4）撞击试验符合现行国家标准《建筑幕墙》GB/T 21086的要求。

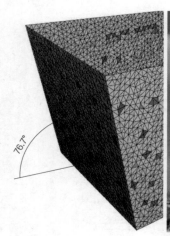

图4-43 红色标记区域为高能石材防坠系统布置区域

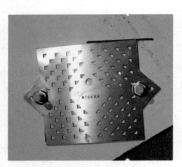

图4-44 防坠钢片（置于防坠网内）　　图4-45 在防坠钢片上固定钢丝绳

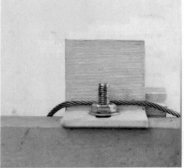

图4-46 钢丝绳与铝合金挂件固定

4.6　三角窗体系

三角窗体系是瓷板系统的点睛之笔，融合了采光、通风、灯光、优化外形、消防逃生等各项功能，三角窗的设计好坏直接决定这些功能的发挥。

4.6.1　铝型材与钢结构连接方式

早期方案中，铝型材与后侧钢结构采用正面打钉的方式固定，无法实现进出方向调整。由于整体钢结构为焊接组装，整体加工及安装后势必会存在偏差，为保证室外玻璃面的平整度，必须有进出方向的调节功能，并且这也是为保证现场安装便捷。初始设计窗节点如图 4-47 所示。

基于以上考虑，设计调整了型材的截面形式，采用螺栓和锯齿垫片连接，实现铝型材龙骨的进出方向调节需要。并且将不锈钢螺栓横向安装，用螺栓抗剪代替了原来螺钉受拉拔的方案，如图 4-48 所示。

此方案不仅实现了进出方向的 ±7mm 微调，并且通过型材与槽钢之间的 4mm 垫块以及副框与铝龙骨之间的 6mm 间隙叠加，可以实现幕墙平面内左右 ±10mm 偏差调整，大大提高了幕墙安装的容错率，确保了幕墙的最终效果。

4.6.2　玻璃副框设计

我们对此系统的副框进行了优化设计，将招标方案中的一体式设计调整为副框＋扣盖的分体设计，以确保车间玻璃组框的工艺简单成熟，降低工人操作难度。

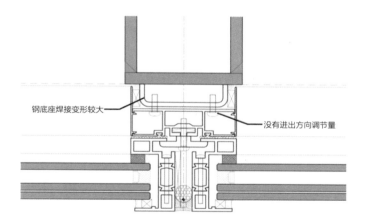

图 4-47　初始设计窗节点

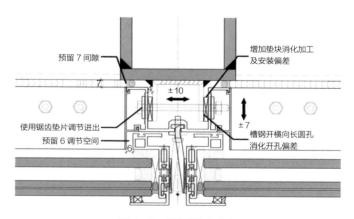

图 4-48　改进后的窗节点

扣盖与副框采用卡扣方式安装，并且通过M4×40的加强螺栓对装饰扣盖进行限位，防止扣盖脱落。改进后的副框如图4-49所示。

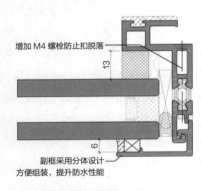

增加M4螺栓防止扣脱落

副框采用分体设计
方便组装，提升防水性能

图 4-49 改进后的副框

4.6.3 玻璃组框设计

由于本项目三角形玻璃的角度有数十种，副框的组框无法采用常规的组角码实现。如采用开模定制角度，则成本高、模具多，难以实现。为了解决角度多样性的问题，我们采用了2mm铝片折弯方案。由于2mm铝片硬度不高，针对不同的型材角度，可以由工人手工弯折实现微调，简单方便、成本低、效果好。改进后组框示意如

图 4-50 所示。

4.6.4 室内装饰扣盖设计

原装饰扣盖设计不太合理，存在以下两点问题：

（1）此扣盖为侧向安装，由于此幕墙系统为三角形玻璃窗口，扣盖无法安装如图4-51所示，当扣盖未安装到位时，所在位置空间小于装饰扣盖长度，需弯曲扣盖才可以安装，不但扣盖易变形，且操作不便。

（2）招标方案中，扣盖距离钢结构间距过小，且与内侧钢槽采用垫块垫死，没有任何消化钢结构变形及安装偏差的措施，实际操作无法实现（图4-52）。玻璃副框与后侧扣盖完全齐平，没有给消化偏差预留空间，经视觉样板验证，因无法消化偏差从而导致实际安装效果较差。

针对招标方案的扣盖设计，我们调整了扣盖的安装方向，由侧向扣入改为由室外方向扣入，方便安装（图4-53）。此扣盖为粉末喷涂型材，可有效对室外可见部位进行装饰，主型材龙骨采用阳极氧化即可，无需喷涂处理。

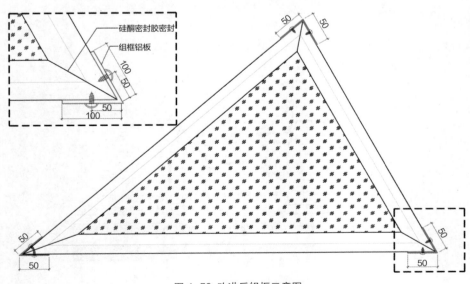

硅酮密封胶密封

组框铝板

图 4-50 改进后组框示意图

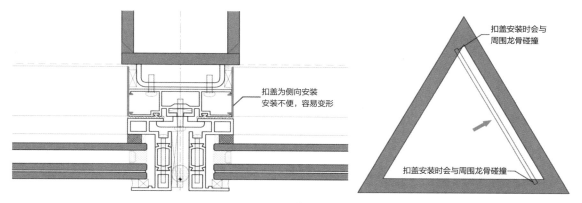

图 4-51 扣盖无法安装

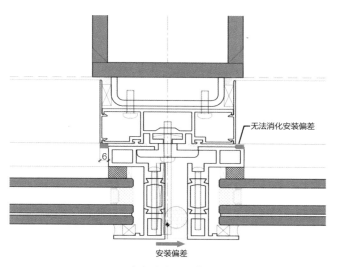

图 4-52 招标方案不具备调节功能

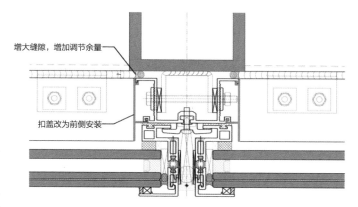

图 4-53 改进方案具备多角度调节功能

4.6.5 玻璃托片设计

　　玻璃托片由于与型材配合，需预留空隙，原方案安装方式未完全卡死，在受力情况下会发生晃动，无法承托玻璃自重（图 4-54）。

　　针对此问题，我们调整了玻璃托板的截面造型，利用构造设计实现了对玻璃自重的可靠承托。如图 4-55 所示。

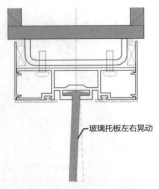

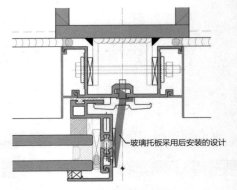

图 4-54 原玻璃托板存在晃动问题　　　　　图 4-55 改进后玻璃托板

4.7 消防救援窗设置

现行地方标准《建筑幕墙工程技术标准》DGJ 08-56 中对消防救援窗的要求如下：

7.1.6 供消防救援进出的应急窗口设置应与消防车登高操作场地相对应，并符合以下规定：

　　1 消防救援窗沿建筑四周均衡布置，各相邻救援窗间距不宜大于 20m。每个防火分区消防救援窗不应少于 2 个。

　　2 消防救援窗口下沿距室内地面的高度不宜大于 1.2m。

　　3 消防救援窗的应急击碎玻璃应采用厚度不大于 8mm 的单片钢化玻璃或中空钢化玻璃。不得采用普通玻璃，半钢化玻璃或夹层玻璃。

　　4 应急击碎玻璃的净高度和净宽度不应小于 1.0m。采用固定窗时，玻璃面积不应大于 3.0m²；采用开启窗时，玻璃面积不应大于 1.8m²。

　　5 消防救援窗应设置易于识别的标志。

7.1.7 消防救援窗不宜布置在建筑物出入口上方。确需布置时，出入口上方应设置宽度不小于 1.0m 且能上人的防护挑檐。

7.1.8 玻璃采光顶与邻近建筑或设施净间距小于 6m 时，应有防止火灾蔓延的措施。

本工程消防救援玻璃窗配置为 8 超白钢化 LOW-E 玻璃 + 12Ar + 8 超白钢化玻璃，分布于两个系统：瓷板系统和 C 系统。瓷板系统消防救援窗设置、安装节点如图 4-56、图 4-57 所示，C 系统消防救援窗如图 4-58 所示。

图 4-56 瓷板系统消防救援窗设置

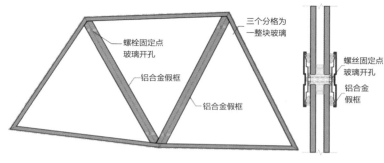

图 4-57 瓷板系统消防救援窗安装节点 　　　　　图 4-58 C 系统消防救援窗

瓷板系统中玻璃窗均为不规则形状，为保证建筑整体外观效果，本系统的消防救援窗中间也要有棱线分格。

鉴于上述情况，我们的解决方案是消防窗仍是一整块玻璃。中间的棱线则做成内外扣盖，扣盖的外观保证与正常玻璃边框一致。每条棱线对

应玻璃上预先开设两个孔，通过套筒及不锈钢螺钉连接在玻璃上。如玻璃被击碎时，内外扣盖可一同脱落。这样既保证了建筑外观效果，也保证了消防窗的消防使用功能。

C 系统框架玻璃幕墙的消防救援窗为矩形，玻璃按消防救援窗的配置施工即可。

4.8　电动平推窗设置

4.8.1　平推窗设计

本工程瓷板内夹玻璃窗，按整个建筑造型要求，外观均为三角形。且三角形排布是无规则的。

开启窗无法采用常规悬窗，如果选用悬窗，则窗开启时开启方向没有规律，会严重影响建筑外观效果。为此，我们把开启窗设计为平推窗

（图 4-59）。设计前期，针对本项目三角外平推窗，协调相关厂家针对五金开启可靠性进行工作变形及 25000 次开启测试试验（图 4-60、图 4-61），初步测试结果显示，本项目三角形平推窗可实现开启功能及安全要求。

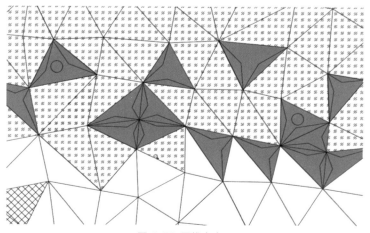

图 4-59　平推窗布置

图 4-60 平推窗五金开启测试试验

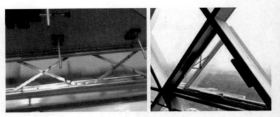

图 4-62 平推窗开窗器设置

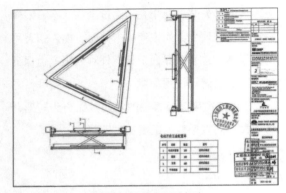

图 4-61 平推窗测试报告

为确保实际项目三角形电动外平推窗的可靠性及安全性，项目供应商确定后，对含开启窗的幕墙也进行了四性测量并顺利通过。

经供应商核算，每樘开启窗设计三个电动开窗器（图 4-62）。开启窗边长小于 900mm 时设置一个平推铰链，边长大于 900mm 时设置两

个平推铰链。三个开窗器通过同步器来保证三边同时伸缩，从而实现窗开启、关闭动作。

4.8.2 开启扇构造设计

（1）开启扇黑边优化设计

原方案的开启扇经视觉样板检验后，业主及建筑师觉得开启扇黑边过宽，要求我司对此进行优化设计。通过对原方案的优化调整，我司成功将开启扇的玻璃黑边宽度由原方案的 62mm 减少至 26mm，大大优化了开启扇的外观效果。开启扇边框尺寸设计如图 4-63 所示。

（2）开启扇组框角码设计

由于此系统玻璃分格为异形三角形造型，标准板块有 34 种造型，收边处三角形角度有百余种，角度区间范围为 30°～110°，常规的开启扇组框方式无法使用，必须设计一种可以调整角度的组框角码来实现开启扇的组装。

通常情况下可调角度的做法有两种，一种是穿入式，另一种是合页式，组框角码如图 4-64 所示。

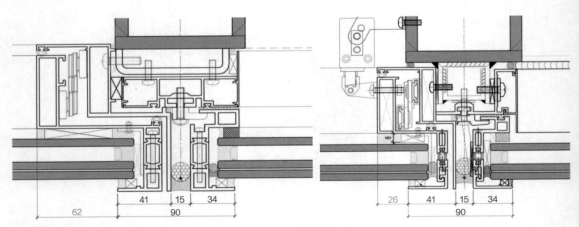

图 4-63 开启扇边框尺寸设计

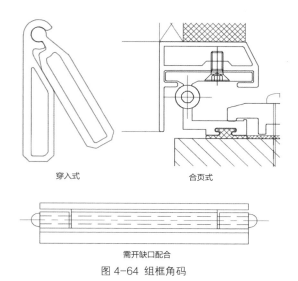

穿入式   合页式

需开缺口配合

图 4-64 组框角码

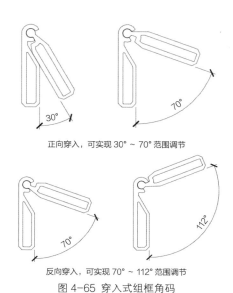

正向穿入，可实现 30°～70° 范围调节

反向穿入，可实现 70°～112° 范围调节

图 4-65 穿入式组框角码

由于合页式方案加工较为复杂，因此考虑采用穿入式方案。但常规穿入式角码为保证扣接可靠，通常调整范围较小，如需调整较大角度，则需要多个模具配合。本方案巧妙地运用了偏心模具的方案设计，配合型材的正反方向使用，可以实现 30°～110° 的调整，如图 4-65 所示。

（3）开启窗开启及固定状态设计

开启窗为三边方向无固定角度的三角窗，所以选择平推窗。平推窗由各边一个电机开合，同时电机也作为固定锁。

选取最大尺寸窗，平推窗按照固定状态，计算型材承载力，建立模型如图 4-66 所示。

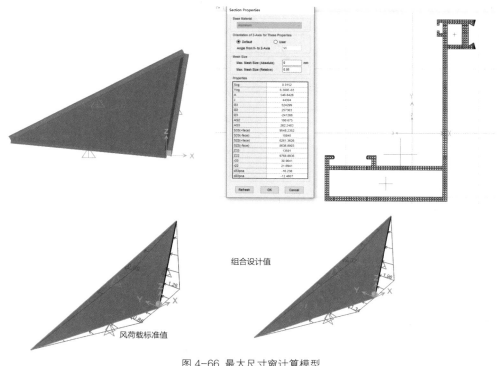

组合设计值

风荷载标准值

图 4-66 最大尺寸窗计算模型

利用SAP2000有限元软件，计算窗框结果如图4-67所示。

窗框变形 D_{fmax}=2.7mm ≤ L/180=878mm/180=4.88mm，所以窗变形满足要求。

窗框主应力最大为51.8MPa小于标准135MPa，所以窗框承载力满足要求。

支座反力最大值为 N=1.37kN，而实际电机的紧固能力为3kN，所以电机作为开启窗的锁点承载力满足要求。

平推窗铰链设计如图4-68所示。

铰链为交叉撑，固定三角窗的每一边。计算时需要考虑铰链外撑时，承重是否满足要求。

计算结果表明，开启状态下，铰链的交叉撑能够完全承担窗的自重，满足设计要求。

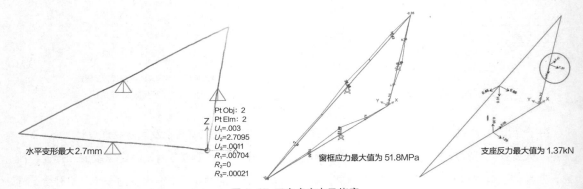

水平变形最大2.7mm

Pt Obj: 2
Pt Elm: 2
U_1=.003
U_2=2.7095
U_3=.0011
R_1=.00704
R_2=0
R_3=.00021

窗框应力最大值为51.8MPa

支座反力最大值为1.37kN

图 4-67 开启扇应力及挠度

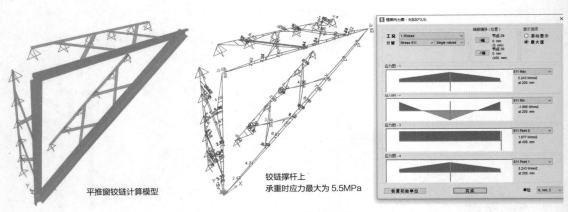

平推窗铰链计算模型

铰链撑杆上
承重时应力最大为5.5MPa

图 4-68 开启扇铰链受力分析

4.9　小结

使用花格体系固定板型和套材零件数量，是提升瓷板利用率的主要方向，当然软件算法的不同选择，也是相当重要的因素。瓷板背栓的固定点分布，关系到瓷板的安全和挂接施工的方便，这也是不可忽视的。如何合理地、快速地分配挂点，是在国内普遍工期紧张的情况下，非常重要的一个施工环节，需要重视。

5

CHAPTER

第 5 章

矩形定制钢曲面幕墙体系
—F 系统

5.1 矩形截面定制钢体系介绍

张江科学会堂项目的最大特点是采用了大量定制钢作为幕墙龙骨，定制钢龙骨全部采用焊接方式连接。F系统，即双曲面定制钢与铝合金副框组合系统，是本工程中最难的一个幕墙系统。

定制钢是近些年产生的新工艺，其优点是外形美观、强度高、跨度大。其得益于激光切割技术的国产化，定制钢成本降低，进而得以快速发展。定制钢的广泛应用，大大地拓展了建筑师的想象空间，一般将其用于大堂、大跨度采光顶等位置，实现钢结构外露的精美外观效果。其工艺流程是将钢结构拆分为平板零件，由软件排板、编号、激光切割，再用平台对钢架进行空间尺寸定位、拼装、焊接、打磨、刮腻子、氟碳底涂。定制钢对钢材表面的要求比较高，必须横平竖

直，R角在0.2mm以下，每米平整度误差低于±0.5mm。

F系统为一个由三角形分格组成的瀑布形双曲面落地幕墙，兼顾采光顶作用。宽度方向尺寸约37m，高度方向尺寸约40m，相邻面板夹角在180°±23.5°变化。F系统实景图如图5-1所示，F系统配置信息如表5-1所示。

为避免玻璃在施工过程中因为自爆或外力意外破损产生坠落风险，采光顶玻璃在每条支撑边设置铝型材60×60（6063-T6）机械防坠构造，型材表面为深色氟碳喷涂。

采光顶非透明部分两侧因消防要求，金属板构造及支撑钢结构局部应满足耐火时限≥2h。覆盖范围为图5-2中黄色区域面板构造及对应支撑钢结构。

图 5-1 F 系统实景图

表 5-1 F 系统配置信息

位置	主入口
最不利标高	17.350m
分格模数	不规则三角形，2651×2058×1932
室外面材	1) 6 超白钢化玻璃+1.14PVB+6 超白钢化（LOW-E 膜位于 #4 面）+12Ar+6 超白半钢化玻璃+1.14PVB+6 超半白钢化玻璃； 2) 6 超白钢化玻璃（LOW-E 膜位于 #2 面）+1.14PVB+6 超白钢化（LOW-E 膜位于 #4 面）+12Ar+6 超白半钢化玻璃+1.14PVB+6 超白半钢化玻璃； 3) 外平开门：10 超白钢化玻璃（LOW-E 膜位于 #2 面）+12Ar+10 超白钢化玻璃； 4) 雨篷玻璃：8 超白钢化玻璃+1.52SGP+8 超白钢化玻璃； 5) 3 铝板（氟碳喷涂）； 6) 3 铝板（氟碳喷涂）(门斗包饰)
面材固定	边支撑+防坠点
支撑主龙骨	定制矩形钢型材（Q355B）
型材表面处理	1) 铝合金型材（室外可视面氟碳喷涂，室内可视面粉末喷涂，不可视面阳极氧化） 2) 定制钢型材（可视面氟碳喷涂）

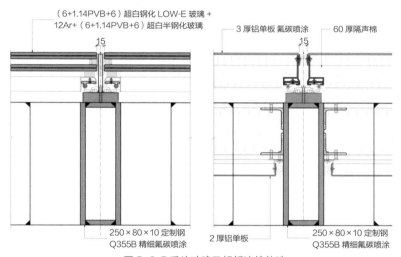

图 5-2 F 系统玻璃及铝板连接构造

典型构造节点从外往内面材分别为：3 厚铝板（氟碳喷涂）+60 厚隔声棉+12 厚硅酸钙板+100 厚防火岩棉（密度 100kg/m³）+12 厚硅酸钙板+2.0 厚铝板（氟碳喷涂）。定制钢龙骨部分外露可视，部分嵌入构造面层，外露钢龙骨表面覆盖超薄型防火涂料（耐火极限 2h），防火涂料外侧氟碳喷涂。

12mm 厚硅酸钙板+100 厚防火岩棉（密度 100kg/m³）+12 厚硅酸钙板，参照现行国家标准《建筑设计防火规范（2018 年版）》GB 50016 附录，满足 2h 耐火极限要求。

F 系统阳角及阴角构造如图 5-3 所示。

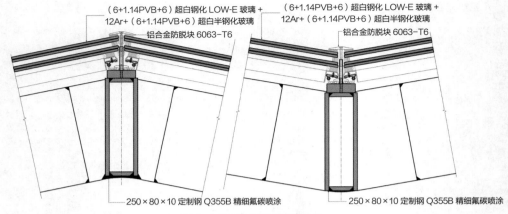

（6+1.14PVB+6）超白钢化 LOW-E 玻璃 +
12Ar+（6+1.14PVB+6）超白半钢化玻璃
铝合金防脱块 6063-T6

（6+1.14PVB+6）超白钢化 LOW-E 玻璃 +
12Ar+（6+1.14PVB+6）超白半钢化玻璃
铝合金防脱块 6063-T6

250×80×10 定制钢 Q355B 精细氟碳喷涂

250×80×10 定制钢 Q355B 精细氟碳喷涂

图 5-3 F 系统阳角及阴角构造

5.2　支座连接

由于主体结构为钢结构，不能承受较大的水平拉力。所以，曲面网格结构采光顶两侧与主体结构相连位置，只传递竖向力，顶边及底边为铰接连接。F 系统瀑布形幕墙如图 5-4 所示。

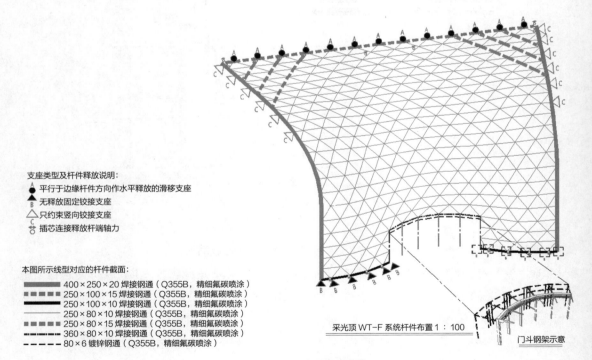

支座类型及杆件释放说明：
● A　平行于边缘杆件方向作水平释放的滑移支座
▲ B　无释放固定铰接支座
△　只约束竖向铰接支座
○ C　插芯连接释放杆端轴力

本图所示线型对应的杆件截面：
　　　　400×250×20 焊接钢通（Q355B，精细氟碳喷涂）
　　　　250×100×15 焊接钢通（Q355B，精细氟碳喷涂）
　　　　250×100×10 焊接钢通（Q355B，精细氟碳喷涂）
　　　　250×80×10 焊接钢通（Q355B，精细氟碳喷涂）
　　　　250×80×15 焊接钢通（Q355B，精细氟碳喷涂）
　　　　360×80×10 焊接钢通（Q355B，精细氟碳喷涂）
　　　　80×6 镀锌钢通（Q355B，精细氟碳喷涂）

采光顶 WT-F 系统杆件布置 1：100

门斗钢架示意

图 5-4 F 系统瀑布形幕墙

5.3 曲面网壳结构找形分析

网壳结构是以杆件为基础，由一定规律组成的网格，并按壳体结构布置的空间构架。它兼具杆系和壳体的性质。以一个网壳结构的设计过程为例，根据建筑的支撑边界，以及建筑师大致外形需求，把原设计的框架结构改进为曲面网壳框架结构。通过结构找形分析和受力分析，形由力生，以力塑形，最终确定网壳结构杆件的布置和整体外形，达到与设计相符的目的。

钢结构以其重量轻、强度高、延性大、抗震性能好、施工速度快、构件截面小、结构净空大、环保、综合指标好等优点而得到广泛运用。对于钢结构而言，合理的结构布置是很重要的。合理的结构布置，既能够满足承载力的需求，降低出现局部承载力不足而导致整体结构坍塌的风险，又能减少材料用量，经济又环保。

本节介绍张江科学会堂曲面采光顶的设计分析过程，以结构内力分布为主要研究方向，通过找形分析、力作用下重新塑形等方法，将结构设计与建筑设计相互融合从而获得合理结构。

张江科学会堂曲面采光顶的原设计，结构布置如图5-5所示。采光顶上部边界水平并可设置固定铰接支座于主体结构上；左右两侧由较大截面的曲线矩通钢构件架立，曲线边界高度可根

据受力调整，并且主体结构可以为其提供竖向支撑；下部以曲线为固定边界，可设置固定支座。原方案在下述几个方面可以进行优化：

（1）倾斜曲面采光顶与立面结构有明显分界线，结构明显分开为两部分。曲面采光顶在荷载作用下对立面结构有较大的向外推力，导致立面杆件需要与地面固接，并且对地面产生较大弯矩作用，使地面处固定支座难以设计，并对地面主体结构梁承载力有较高要求。

（2）立面杆件向上悬挑近10m高度，需要很大的截面以满足受力要求。并且立杆占用空间，并影响主入口的通透效果。

（3）采光顶顶面较为平缓，接近平面，无法形成合理的壳体结构，只能通过截面抗弯抵抗面外荷载，导致构杆件截面较大、种类较多。

优化设计目标：在外观变化不大的基础上，优化结构受力，统一杆件截面类型，减小对主体结构的反力作用。

优化主要方向：立面结构与顶面采光顶作为整体受力，使杆件以受轴力为主，整体结构按照网壳结构受力方式工作。

根据网壳结构主要承受薄膜内力的原理，从受力的角度入手进行找形分析，使杆件以受拉压为主、受弯矩为辅，从而获得在荷载下变形较小的结构形态。以结构使用中所受力的反向力作为找形力，通过力的作用使结构形状发生变化，通过多次力与位移的迭代后，使结构达到稳定状态，因为面外抗弯刚度非常小，此时结构内部杆件以受轴力为主，弯矩很小，弯曲变形很小。此通过力的作用对结构找形的过程即为找力分析。同时SAP2000软件提供另一种快捷找形方法，叫作目标位移法。目标位移法可简单概括为，通过对结构施加反向预变形力，使得结构在预设荷载下变形回到初始状态的过程。本节以目标位移

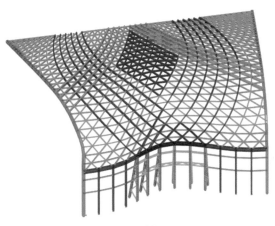

图5-5 原结构布置

法进行找形分析，最终确定的结构初始形态见图5-6。

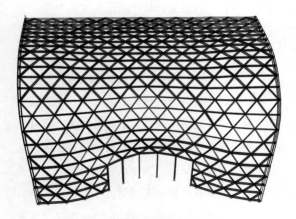

图5-6 最终确定的结构初始形态

5.3.1 目标位移法找形原理

以一个简单例子说明目标位移法的基本原理。其计算示意如图5-7所示，该结构包括三根拉索以及一个质点，目标是结构在重力作用下达到平衡时，质点位于图5-7a所示的指定位置。首先给定结构满足使用功能要求的最终形态（此时结构控制点位于目标位置），如图5-7a所示；之后施加结构自重和稳定索预

拉力，进行结构非线性分析求得结构控制点位移d_1，达到一个新的结构平衡状态，如图5-7b所示；接着利用结构控制点的位移值d_1，反方向调整结构初始形态（基于图5-7a），调整后如图5-7c所示；施加结构自重和稳定索预拉力后再次进行结构非线性分析，获得结构另一个新的平衡状态，如图5-7d所示，并得到结构控制点位移为d_2；根据前两轮结构控制点位移差$\Delta d = d_2 - d_1$，反方向调整结构形态（基于图5-7c），如图5-7e所示，施加结构自重和稳定索预拉力后继续进行结构非线性分析。按照这个过程重复进行，直至在结构自重和稳定索预拉力作用下到达平衡状态，并使结构控制点精确位于如图5-7a所示位置为止。

SAP2000中目标位移法的整个计算过程可通过图5-8流程图来表示：

从SAP2000软件提供的目标位移法的基本原理可知，在初始状态下结构受外力变形后，通过赋予结构反向变形位移的方式使结构进行内力重分布，通过多次迭代后最终使结构回到初始的形状，并且内力与外力相平衡。

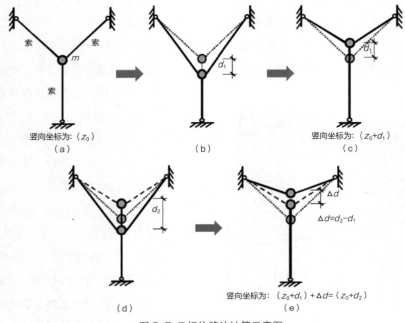

图5-7 目标位移法计算示意图

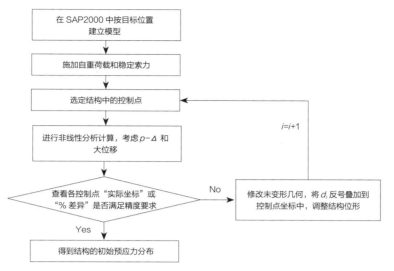

图 5-8 SAP2000 中目标位移法的整个计算过程流程图

5.3.2　找形分析过程

（1）边框的找形

原设计中，采光顶结构两侧架立钢通的形状未完全确定，此时的形状不一定满足在重力＋风荷载（控制工况）作用下边框受轴力为主的状态。所以首先需要确定两侧边界的几何形状，即给两侧边框进行找形分析。

根据两边架立钢通在上端主体结构范围内可以有竖向约束的原则，对有竖向约束范围施加垂直于杆件 0.3N/mm 的均布力，保证在曲线上端范围有一定曲率；为了抵抗垂直于边框的风荷载，对顶面与立面结合处施加较大的垂直于杆件 2.5N/mm 的均布力。这些荷载基本上模拟了采光顶承受重力＋风荷载时边框的受力状况，因此在此荷载下找到的几何构型可以保证在该控制工况作用下，边框以承受轴力为主，弯矩较小。分多个荷载逐渐增大，考虑非线性大变形进行找形分析，保存多步结果，其结果如图 5-9 所示。

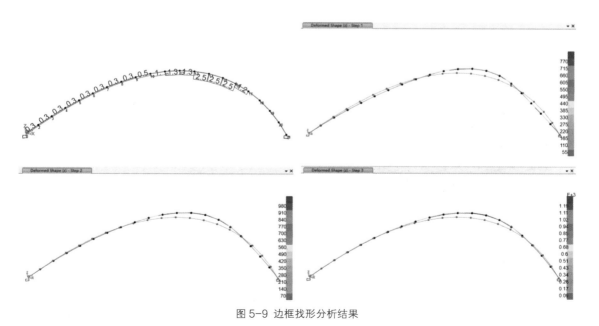

图 5-9　边框找形分析结果

根据变形结果，选取第三步变形后结果作为架立钢通的曲线。

（2）整体找形

在连接四周边构成的初始曲面上，以1厚的薄壳单元作为面，材料为钢材。

1）"小弹膜"法形成稳定的基础曲面。

"小弹膜"法是膜结构找形分析常用的方法，通常将膜的弹性模量取为实际值的1/10000 ~ 1/1000，由此形成结构的弹性刚度矩阵后进行找形计算，从而得到满足边界条件的平衡曲面。本项目固定铰接约束现有的四周边界，采用"小弹模"法降低壳单元的材料弹性模量，通过对壳施加较大的降温作用，使壳在现有边界下形成稳定的张拉状态，其形状见图5-10。

2）施加竖向力，根据目标位移法变形叠加获得在竖向力下变形最小的结构。

3）重力荷载作用下的找形分析。

恢复壳单元抗拉刚度，因薄壳厚度很小，其抗弯刚度基本可以忽略。此时施加代表自重的竖向力，根据目标位移法变形叠加获得在竖向力下以内受力为主的壳体结构形态。

通过在竖向力作用下的找形分析后，结构沿着边界坍缩为"马鞍面"的稳定结构。在给定竖向力作用下，大部分区域变形较小，只在采光顶顶面因边界较平坦，在水平边界附近有局部较大

竖向变形，如图5-11所示。根据图5-12所示的面内力流传递方向分析，采光顶顶部形成悬链线的形状，面内以受拉力为主；向下曲面为壳体形式，面内竖向力通过面内压力往立面两侧传递。通过面内应力分布图来布置杆件方向，此时能够最有效地承担竖向荷载。

4）重力荷载＋风荷载作用下的找形分析。

根据实际受力，结合外观要求，对结构立面部分施加面外力进行力法找形。

曲面结构除承受重力作用外，还有风荷载的面外力作用。在采光顶顶面大部分面外力与重力方向相近，所以在只考虑面外力作用下，反向对结构以力找形进行分析。进行多次迭代后，结构获得在风荷载面外力作用下以面内受力为主、变

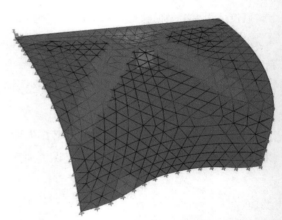

图5-11 在给定竖面力作用下，基础曲面结构竖面变形

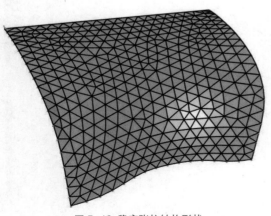

图5-10 稳定张拉结构形状

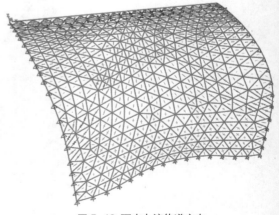

图5-12 面内力流传递方向

形较小的形状，如图 5-13 所示。重新划分网格后沿网格线布置杆件，结构杆件布置如图 5-14 所示。此时在重力和风荷载作用下结构杆件以承受轴向力为主，使曲面网格结构受力更加合理且高效。

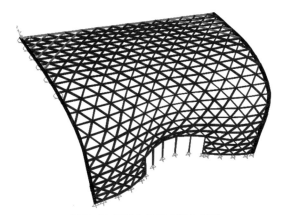

图 5-15 承载力分析后调整模型

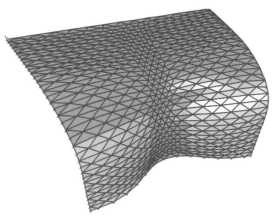

图 5-13 按需找形初步稳定曲面

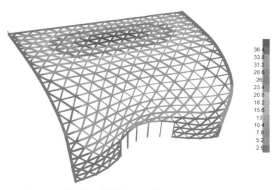

图 5-16 优化后结构在（重力 + 风）作用下的变形

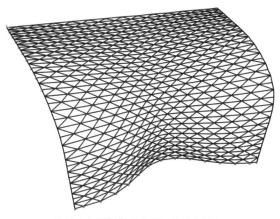

图 5-14 重新划分曲面网格后杆件布置

图 5-17 应力比超过 0.5 的杆件分布

5.3.3 整体钢架结构受力分析

赋予实际边界条件后进行受力计算。加上门洞，并且根据实际受力及两侧架立钢通只能承受竖向力等边界条件计算。通过计算确定截面，并在变形较大位置局部加大杆件壁厚，形成的最终模型如图 5-15 所示。

根据图 5-16 的变形结果和图 5-17 应力比超过 0.5 的杆件分布，优化后曲面网格结构变形

较小，且杆件承载力余量较多，为后续节点设计及施工安装提供了操作空间，使结构成立且偏安全。

5.3.4 结论

（1）外形优化

原方案的结构布置如图 5-5 所示，杆件截

面大小种类较多，视觉上比较厚重，曲面采光顶到立面有明显界线。门框入口因为受力原因，做了较大的截面，室内通透性较差。

优化后的结构布置如图5-6所示，截面尺寸均一且分布均匀，无大小截面交错的情况；空间上截面较细小，视觉效果很好；入口门架位置，曲面采光顶与立面结构过渡更平缓，立面与顶面结构浑然一体。

（2）受力优化

原方案主要以杆件抗弯为主，在竖向力作用下变形较大，原结构在（重力＋风）作用下的变形如图5-18所示。由于要满足承载力要求，因此采光顶结构杆件截面比较大，最大截面高度为500mm。杆件截面种类较多，节点处理比较复杂。

优化后结构变形较小，如图5-16所示。杆件以受轴力为主，主要构件截面高度为250mm。杆件截面尺寸均一，节点构造简单。

（3）施工优化

原结构杆件连接节点种类较多，安装费时费

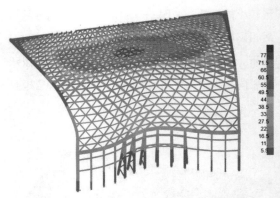

图5-18 原结构在（重力＋风）作用下的变形

力；焊接截面较多，施工难度较高。优化后结构连接节点相似，施工容易操作；杆件截面尺寸相同，长度规则，便于生产。

通过对曲面采光顶结构的找形分析，获得较规则的曲面网壳框架结构，统一了杆件截面及尺寸，使整体外观更流畅，减小了施工难度，并且结构效率更高、更加经济。本节介绍的曲面结构在找形优化后具有美观、高效、经济的优点，相关找形方法可以在类似工程项目中进行推广。

5.4 整体钢结构受力分析

5.4.1 计算假定

瀑布采光顶杆件之间相互焊接为刚接，瀑布采光顶上下边界为固定铰接点，左右边界仅在如图5-19所示位置有承担竖向力的支座。

采光顶承受的荷载有，

自重荷载标准值：$DEAD$=0.5kPa（综合考虑铝板及玻璃）；

注：龙骨自重由软件自动计算；

采光顶正风压标准值：$win+$=0.5kPa；

采光顶负风压标准值：$win-$=2.389kPa；

采光顶立面受正压、顶面受负压，$win+-$=1.27kPa、2.389kPa。

采光顶活荷载/雪荷载：L=0.5kPa；

面板水平地震作用标准值：q_{ek}=0.5×0.4=0.2kPa；

龙骨水平地震作用q_{ek}采用重力自乘系数0.4的方式加载；

考虑龙骨温度荷载 $temp$=20℃；

建立计算模型如图5-20所示。

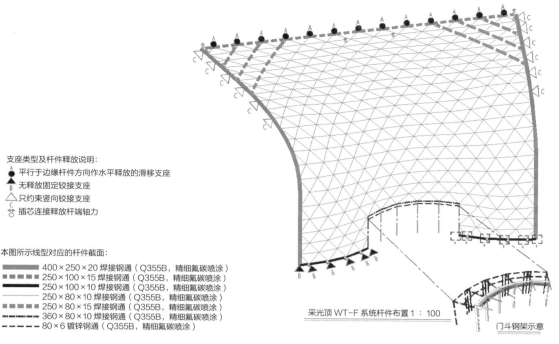

支座类型及杆件释放说明：

🔺 A　平行于边缘杆件方向作水平释放的滑移支座

🔺 B　无释放固定铰接支座

△ 　只约束竖向铰接支座

◇ 　插芯连接释放杆端轴力

本图所示线型对应的杆件截面：

▬▬▬　400×250×20 焊接钢通（Q355B，精细氟碳喷涂）

▬ ▬ ▬　250×100×15 焊接钢通（Q355B，精细氟碳喷涂）

━━━━　250×100×10 焊接钢通（Q355B，精细氟碳喷涂）

━━━━　250×80×10 焊接钢通（Q355B，精细氟碳喷涂）

──────　250×80×15 焊接钢通（Q355B，精细氟碳喷涂）

━ ━ ━　360×80×10 焊接钢通（Q355B，精细氟碳喷涂）

─ ─ ─　80×6 镀锌钢通（Q355B，精细氟碳喷涂）

采光顶 WT-F 系统杆件布置 1：100

门斗钢架示意

图 5-19　F 系统钢龙骨规格分布图

其中荷载组合列表如下：

荷载组合				荷载组合		
组合	荷载	系数		组合	荷载	系数
COMB1-NL	DEAD	1.35		COMB10-NL	DEAD	1.3
	win+	0.9			win+	0.9
	q_{ek}	0.65			q_{ek}	0.65
	L	1.05			L	1.5
	temp	0.24			temp	-0.24
COMB2-NL	DEAD	1.35		COMB11-NL	DEAD	1.3
	win+	0.9			win+	0.9
	q_{ek}	0.65			q_{ek}	0.65
	L	1.05			L	1.05
	temp	-0.24			temp	0.84
COMB3-NL	DEAD	1		COMB12-NL	DEAD	13
	win-	1.5			win+	0.9
	q_{ek}	-0.65			q_{ek}	0.65
	temp	0.24			L	1.05
COMB4-NL	DEAD	1			temp	-0.84
	win-	1.5		COMB13-NL	DEAD	1
	q_{ek}	-0.65			win-	0.9
	temp	-0.24			q_{ek}	-0.65
COMB5-NL	DEAD	1			temp	0.84
	win+-	1.5		COMB14-NL	DEAD	1
	q_{ek}	0.65			win-	0.9
	temp	0.24			q_{ek}	-0.65
COMB6-NL	DEAD	1			temp	-0.84
	win+-	1.5		COMB15-NL	DEAD	1
	q_{ek}	0.65			win+-	0.9
	temp	-0.24			q_{ek}	0.65
COMB7-NL	DEAD	1.3			temp	0.84
	win+	1.5		COMB16-NL	DEAD	1
	q_{ek}	0.65			win+-	0.9
	L	1.05			q_{ek}	0.65
	temp	0.24			temp	-0.84
COMB8-NL	DEAD	1.3		D+L-NL	DEAD	1
	win+	1.5			L	1
	q_{ek}	0.65		D+W+-NL	DEAD	1
	L	1.05			win+	1
	temp	-0.24		D+W--NL	DEAD	1
COMB9-NL	DEAD	1.3			win-	1
	win+	0.9		D+W+--NL	DEAD	1
	q_{ek}	0.65			win+-	1
	L	1.5		D	DEAD	1
	temp	0.24				

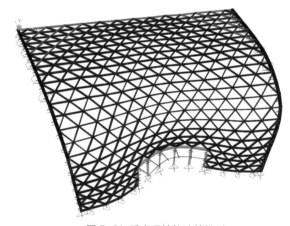

图 5-20　采光顶结构计算模型

5.4.2　承载力计算

　　通过计算，杆件应力比最大为 0.575 ＜ 0.95，其承载力满足要求，如图 5-21 所示。而且杆件较大应力比主要出现在顶部杆件位置。根据分析，顶部杆件主要受轴力及弯矩，杆件应力留有足够余量，避免后续杆件或连接节点出现承载力不足的情况。

结构在自重下的变形，关系到施工安装后挠度情况，应避免造成面板无法安装或出现挤压变形。采光顶结构在自重下的竖向变形结果如图5-22所示。根据现行行业标准《空间网格结构技术规程》JGJ 7的要求（表5-2），结构在自重下变形最大值为56mm ≤ L/400=23920/400=59.8mm，满足要求。

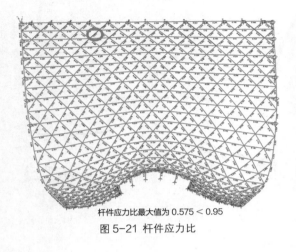

杆件应力比最大值为 0.575 < 0.95

图 5-21 杆件应力比

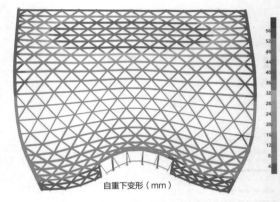

自重下变形（mm）

图 5-22 采光顶结构在自重下的竖向变形

表 5-2　现行行业标准《空间网格结构技术规程》JGJ 7 结构自重变形规定

结构体系	屋盖结构（短向跨度）	楼盖结构（短向跨度）	悬挑结构（悬挑跨度）
网架	1/250	1/300	1/125
单层网壳	1/400	—	1/200
双层网壳 立体桁架	1/250	—	1/125

注：对于设有悬挂起重设备的屋盖结构，其最大挠度值不宜大于结构跨度的1/400。

综合其他标准工况组合下的变形结果，变形最大为纯自重下的变形，其他荷载工况下，由于曲面网格框架前端受压，反而顶部变形减小，图5-23为恒载＋活载组合工况下结构的竖向变形结果。

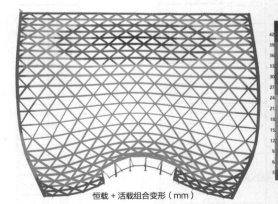

恒载＋活载组合变形（mm）

图 5-23 恒载＋活载组合工况下结构的竖向变形

｜ 参数化幕墙的实践　上海张江科学会堂表皮解析与建造

5.4.3　结构稳定分析

根据现行行业标准《空间网格结构技术规程》JGJ 7 4.3.4 条的规定，对采光顶结构进行曲面网格框架结构稳定分析，稳定分析过程如下：

以自重为初始荷载，在荷载标准值作用下，对结构在不同工况下进行稳定分析，荷载工况组合标准值如图 5-24 所示。

根据现行行业标准《空间网格结构技术规程》JGJ 7 要求，进行网壳全过程稳定分析时应考虑初始几何缺陷（即初始曲面形状的安装偏差）影响，初始缺陷分布可采用结构的最低阶屈曲模态，其缺陷最大计算值可按网壳跨度的 1/300 取值。考虑初始缺陷的结构稳定分析结果如图 5-25 所示，结构整体受压时更易失稳，此时瀑布形采光顶杆件稳定系数为 18.83 ＞ 4，结构稳定性满足要求。

5.4.4　玻璃平面变形性能分析

根据计算，采光顶在风荷载及自重下变形如图 5-26 所示。

在图 5-26 所示拐点位置处，相邻杆件变形差最大。取此处杆件相对变形值，校核玻璃的平面外变形能力。

相邻板块角点变形如图 5-27 所示。

相邻板块的角点 1 变形为 41.7mm，角点 2 变形为 51mm，角点 3 变形为 55.4mm。则 1、2 点的相对变形为 51-41.7=9.3mm，2、3 点相对变形为 55.4-51=4.4mm。

玻璃面板厚度 38mm，玻璃之间空隙 15mm，玻璃表面至框中心线距离是 228mm。可以沿垂直边建立模型，以 2 点为基准，分别转动两侧杆件，带动玻璃的 1 点、3 点相对 2 点的变形达到上述相对变形数值，相对变形如图 5-28 所示。

玻璃随杆件沿杆件中心线转动后，玻璃之间间隙从 15mm 变为 14mm，玻璃与玻璃之间空隙仍然足够，不会导致玻璃碰撞。所以玻璃空隙能满足结构平面外变形要求。

同时，根据 A1 系统面板平面外变形能力分析，面板平面外变形适应能力与面板到龙骨中心距离 e 及面板所在龙骨跨度比例有关，其关系为龙骨变形时，面板位移量 d 满足 $d/e=2d_f/L$。

荷载组合		
组合	荷载	系数
sc1-bucking	win+	1
	q_{ek}	0.5
	L	0.7
	temp	0.2
sc2-bucking	win-	1
	q_{ek}	-0.5
	temp	0.2
sc3-bucking	win+-	1
	q_{ek}	0.5
	temp	0.2
sc1-bucking-2	win+	1
	q_{ek}	0.5
	L	0.7
	temp	-0.2
sc2-bucking-2	win-	1
	q_{ek}	-0.5
	temp	-0.2
sc3-bucking-2	win+-	1
	q_{ek}	0.5
	temp	-0.2

图 5-24 荷载工况组合标准值

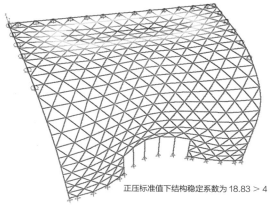

正压标准值下结构稳定系数为 18.83 ＞ 4

图 5-25 考虑初始缺陷的结构稳定分析结果

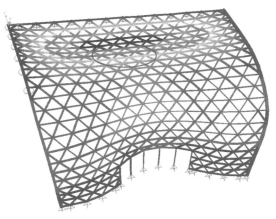

图 5-26 采光顶在风荷载及自重下的变形

其中 d_f 为龙骨变形值，挠度限值 $d_f/L=1/250$。

则采光顶面板位移量最大值为：

d_{max}=2/250×228=1.824mm ＜ 15/2=7.5mm，

所以面板平面外变形能力可以满足要求。

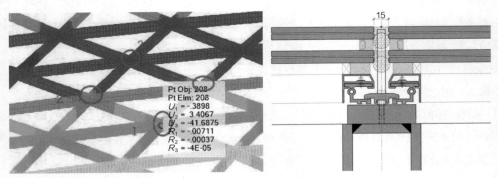

图 5-27 相邻板块角点变形

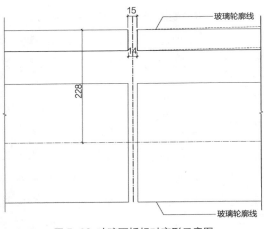

图 5-28 玻璃面板相对变形示意图

5.5 矩形截面节点加工及成形分析

张江科学会堂曲面网格钢框架采光顶的龙骨由矩通拼接焊接而成，如图 5-29 所示。交会节点是由不同方向的矩通杆件相交并拼接焊接而成。由于整体结构为曲面造型，交会的矩通不在同一个平面，存在高差，且相邻杆件之间存在角度差异，导致交会节点的上下面会形成一个扭曲的面，影响外观效果，加工也有较大的不便。杆件交会节点初步模型如图 5-30 所示。

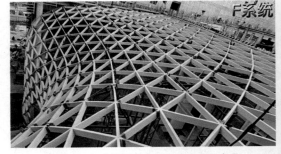

图 5-29 曲面网格钢框架采光顶的龙骨

图 5-30 杆件交会节点初步模型

图 5-31 节点背面装饰面

图 5-32 节点正面不可视

所以，针对这种杆件不共面的交会节点，需要通过特殊的处理方法使得杆件在交会节点处能平顺过渡。同时，结构整体是通过刚性连接构成，所以在节点连接处需要对其加强以达到刚接的效果。

5.5.1 节点加工方法

（1）节点拟合构造

钢结构主要由 250×80×10 矩形定制钢管及角上的双曲面钢节点焊接组成，整个钢架上没有一颗螺栓，全靠焊接。大面上一个钢节点连接六个矩形钢管，由于矩形钢管不在同一平面，所以钢节点必须为 nurbs 双曲面，才能连接周围六根矩形钢管，对加工来说是一个挑战，成本控制也有一定的难度。室内面为可视面，通过双曲面拟合六根矩通，节点背面装饰面如图 5-31 所示。室外面为不可视面，需固定面板，可以通过折角小板块拼接为完整面，节点正面不可视面如图 5-32 所示。

对于钢节点加工，项目之初我们讨论确定了三个方向：①钢板热弯、②模具铸造、③机器铣切。

第一个方案节点封堵钢板热弯，外观不够顺滑，弯曲角度较小，因此适用于曲率较小、对于外观需求不高的区域，可以部分使用，钢板热弯节点如图 5-33 所示效果。

第二个方案模具铸造，优点是造型完美，精度高，可以做到与模型完全一致，缺点是造价奇高，因为每个节点夹角曲率都不一样，模具不能重复使用，模具费已经超过招标报价，模具铸造节点如图 5-34 所示，所以此方案不适合采用。

图 5-33 钢板热弯节点图

图 5-34 模具铸造节点图

第三个方案机器铣切，成本适中，精度可控。根据三维软件导出的节点内侧钢板相对高度，利用智能铣切机，切割室内面节点拟合钢板，如图 5-35 所示。经过比较，本项目采用钢板热弯和机器铣切相结合的方案，不可视区域采用钢板热弯，可视区域采用机器铣切。

综合三种能适应拟合曲面的节点加工方法，我们选取方案一针对曲率较小的节点进行加工；

图 5-35 铣切钢板为双曲面

选取方案三作为曲率较大的节点拟合。以此解决了六杆件交会节点处的曲面拟合问题。

（2）节点内部加强筋设计

在交会节点位置，节点由不同板件拼接焊接而成，这导致交会节点内部中空，无法有效传递剪力，所以在内部需要设置加劲肋，以有效传递剪力，并增大轴力传递能力。为了方便加工，加劲肋布置为非对称结构。交会节点内部加劲肋设置如图 5-36 所示。

由于节点内部加劲肋非对称布置，在节点与杆件连接的时候需要明确节点加劲肋与主受力方向一致，从而确定好节点加劲肋布置方向。

根据整体计算，杆件应力比大于 0.45 的杆件分布如图 5-37 所示。加劲肋的布置方向尤为重要，加劲肋应在杆件主受力方向布置。结构整体轴力分布如图 5-38 所示，杆件轴力与杆件较大应力比分布大体相同，所以应以轴力为主的方向定义为加劲肋方向，其对应在整体模型中布置方向如图 5-39 所示。

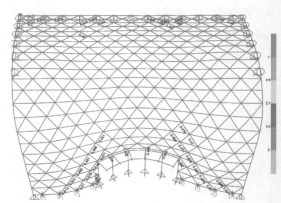

图 5-37 杆件应力比大于 0.45 杆件分布

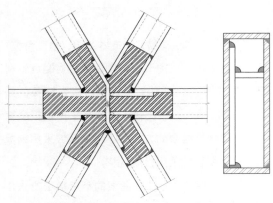

图 5-36 交会节点内部加劲肋设置

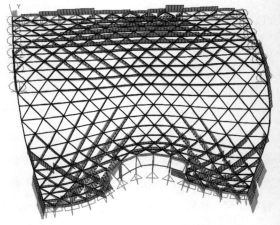

图 5-38 结构整体轴力分布图

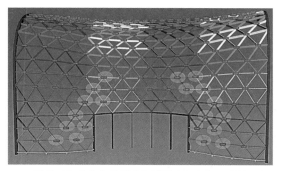

图 5-39 在整体模型中加劲肋布置方向示意图

5.5.2 节点有限元分析

根据节点实际焊接形式建立有限元计算模型，计算其加劲肋及焊缝承载力。如图 5-40、图 5-41、图 5-42 所示，计算结果表明加劲肋设置合理，能够满足承载力要求。

根据图 5-42 的受力分析结果，节点应力较大部位主要在上下翼缘。计算模型中上下翼缘为10mm，而实际室内的翼缘为铣切板，板厚最薄

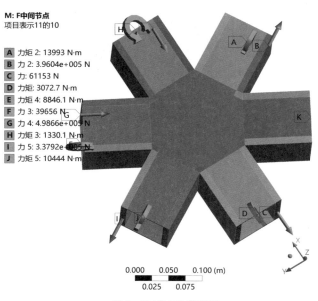

M: F中间节点
项目表示11的10

A　力矩 2: 13993 N·m
B　力 2: 3.9604e+005 N
C　力: 61153 N
D　力矩: 3072.7 N·m
E　力矩 4: 8846.1 N·m
F　力 3: 39656 N
G　力 4: 4.9866e+005 N
H　力矩 3: 1330.1 N·m
I　力 5: 3.3792e+005 N
J　力矩 5: 10444 N·m

```
0.000     0.050     0.100 (m)
     0.025    0.075
```

图 5-40 节点计算模型

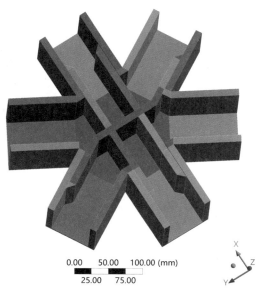

M: F中间节点
时间: 1S

```
0.00     50.00    100.00 (mm)
    25.00    75.00
```

图 5-41 节点内部加劲肋布置

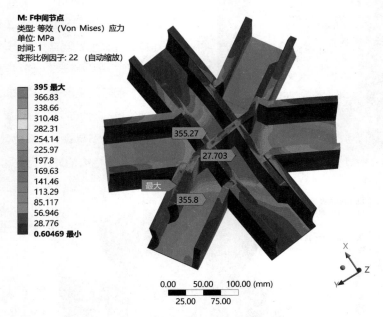

M: F中间节点
类型: 等效（Von Mises）应力
单位: MPa
时间: 1
变形比例因子: 22 （自动缩放）

395 最大
366.83
338.66
310.48
282.31
254.14
225.97
197.8
169.63
141.46
113.29
85.117
56.946
28.776
0.60469 最小

355.27
27.703
最大
355.8

X
Z
Y

0.00   50.00   100.00 (mm)
    25.00   75.00

图 5-42 节点 Von Mises 应力分布

处超过 15mm，室外的翼缘板厚度按照 16mm 后加工安装。节点有如下加工要求：

（1）盖板加厚至 16mm，采用整板热弯。

（2）保证腹板焊缝高度不低于板厚 10mm。

（3）加劲板角焊缝高度要保证不低于板厚，采用三面围焊。

（4）不允许倒流焊和分段焊。

（5）坡口焊加衬板，坡口切面须打磨平整。

5.5.3　小结

通过对多杆件矩形管相交节点的设计及加工工艺研究，提供了一种特别的节点加工方法，能够较好地适应不同角度杆件相交节点，使其能实现比较合理的受力模型，呈现优美的外观，建成后室内侧节点效果如图 5-43 所示。

图 5-43 建成后室内侧节点效果

5.6 钢架分片分析

整个钢架如何拼装是一个待解决的难题，如果采用单根零件现场拼装，显然现场工作量过大，不利于节约工期和控制精度。采用整体工厂拼装，也不太现实，首先工厂加工条件不允许，同时运输条件也不能满足要求。因此将整体钢架分片是一个自然而然的选择。

我们按照运输条件和吊装条件，将整体钢架分为 40 个小钢架，每个钢架尺寸控制在 3500×9000 以内，在工厂加工完成，检验各关键节点尺寸和位置满足设计要求后，采用胎架临时支撑，进行工厂预拼装，当所有钢架尺寸和定位满足设计要求之后，即可拆卸钢架并运送至现场。钢架分片及编号图如图 5-44 所示。

小钢架现场吊装与单构件安装相比，不仅能提升安装精度，也可减少现场安装的工作量，选择此方法是安装精度和工期的保障，也是钢架成功的关键。

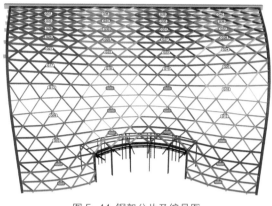

图 5-44 钢架分片及编号图

5.7 定制钢工艺图

定制钢加工的首要工作是零件拆图，这个工作若采用手工方式操作，必然效率太低，而且容易出错，而使用犀牛插件 Grasshopper，可以对所有钢板按钢架次序编号，按指定方向一键批

量生成加工图，并标注尺寸及编号，形成加工明细表，方便工人归类和安装。编写展开程序如图 5-45 所示，零件编号及展开加工图如图 5-46 所示。

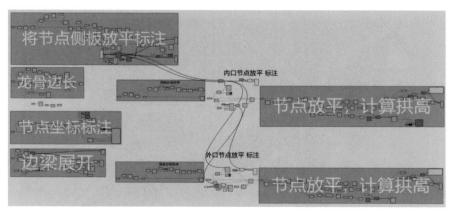

图 5-45 编写展开程序

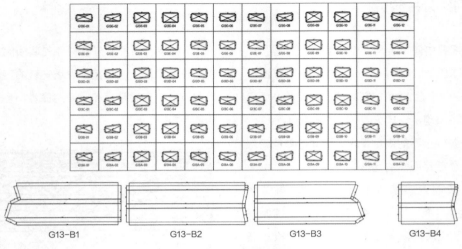

G13-B1   G13-B2   G13-B3   G13-B4

图 5-46 零件编号及展开加工图

5.8　定制钢加工工艺

　　钢节点加工图分为 3 个部位，正面不可视部位、侧面和背面装饰部位。正面和侧面操作方式与大面一致，背面的双曲面由厚度 50mm 的钢板通过机器铣切而成。这需要根据实际钢板的尺寸，利用犀牛软件批量做成实体模型，机器根据模型确定每个位置的厚度，并使用铣刀铣切。

　　在拼装环节，用犀牛软件模拟一个拼装平台，并对每一榀钢架的各关键点位进行编号，导出坐标。加工厂根据导出的编号和相对坐标，在尺寸相同的平台上根据 x、y 坐标标记出关键点位，再结合 z 方向坐标，使用小平台定位各个零件。小平台采用螺杆支撑在大平台上，通过螺栓调节高低。待各钢件就位、焊接和打磨完毕后，拆除小平台和大平台。

　　最后需要根据坐标及各节点之间的距离，校核钢架尺寸精度能否满足设计要求。相关加工工艺流程图如图 5-47 ～图 5-50 所示。

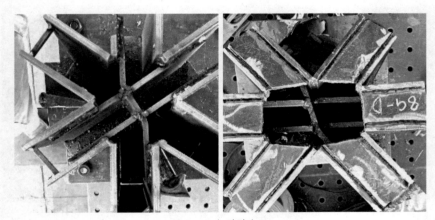

图 5-47 加劲肋布置

图 5-48 定制钢龙骨焊接

图 5-49 钢平台上拼接定位

图 5-50 定位完成后补焊打磨

5.9 网格框架支撑胎架及施工阶段分析

大跨度钢结构施工时无法整体吊装，需要增加临时支撑并分段吊装。施工后，结构由于施工偏差、结构沉降和施工顺序等原因，施工完成后的形状及受力会与设计结果存在偏差。所以需要对结构进行施工阶段模拟分析，并与设计结果进行对比，对偏差原因进行分析，进而提供有效的改进措施，有效降低施工与设计之间的误差，使结构更加安全。以张江科学会堂的曲面网格框架采光顶结构为例，介绍按阶段进行的施工过程分析、分析结果与理论值的偏差及所采取的施工措施。

张江科学会堂的曲面网格框架采光顶钢结构为异形双向曲面，上下落差较大，且均为矩形管焊接而成，无法整体焊接运输；同时由于其位于建筑内庭范围内，不适合整体吊装（图5-51、图5-52）。所以，其网格框架结构只能分片施工安装，需要进行施工过程分析，对结构的承载力、稳定性进行验算。因为结构形态和结构状态随施工过程发生改变，施工过程不同阶段的结构内力与最终状态的内力不同。施工阶段分析模拟在大型钢结构施工中已广泛应用，已成为设计和施工的重要环节。对于比较复杂的大型结构来说，传统的计算方式无法达到所需要的精确度，并且计算过程复杂、工作量大。所以，需要利用软件中的生死连接进行临时支撑及连接模拟。本项目中利用SAP2000软件的施工阶段分析功能进行施工模拟分析。同时与施工结果进行对比，验证施工分析的合理性。

曲面网格框架采光顶跨度比较大，需要在吊装之前设置好临时支撑胎架。临时支撑胎架既要

图 5-51 胎架及钢架安装

图 5-52 曲面网格框架采光顶龙骨

承受吊装过程中的结构重力，还要承受施工时焊接设备及人员等荷载，胎架布置如图 5-53 所示。

胎架顶部设置活动定位点，此为网格框架临时支撑点，支撑胎架与曲面网格框架的组合示意如图 5-54 所示。采光顶的曲面网格框架通过分片在工厂加工，然后在现场由胎架顶撑，进行分片有序组合安装。网格框架的分片序号如图 5-55 所示，网格框架的分片安装过程如图 5-56 所示。

施工模拟分析中，模拟安装顺序与实际施工相同，以便进行对比。

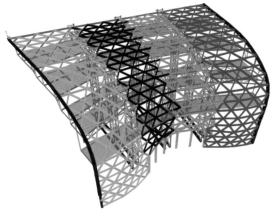

图 5-54 支撑胎架与曲面网格框架的组合示意图

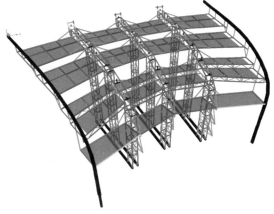

图 5-53 胎架布置图

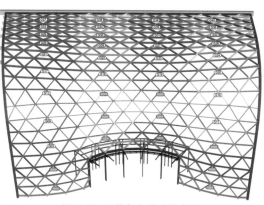

图 5-55 网格框架的分片序号

图 5-56 网格框架的分片安装过程

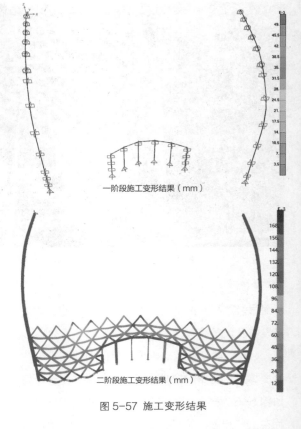

一阶段施工变形结果（mm）

二阶段施工变形结果（mm）

图 5-57 施工变形结果

5.9.1 施工模拟分析方法

根据网格框架采光顶龙骨的施工特点，按照设计的施工顺序，进行施工阶段分析。在软件 SAP2000 中，通过更改连接支座的连接属性，实现支撑点支座的有、无转换。连接支座选用单点连接单元模拟。施工阶段中，按照顺序，一步步地进行网格框架分片组装，并同时增加支撑点支座，组装过程中需要考虑钢架自重。待分片结构组成整体结构以后，保留结构本来存在的支座，同时去掉临时支撑支座。去掉临时支座的方法，是通过指定支撑点连接单元为"空"单元，即使支撑支座失效，在结构中不起支撑作用。此所谓"生""死"单元的模拟过程。

结构基本龙骨组装完成，并固定好设计支撑支座，按施工顺序，后续需组装采光顶面板，因此需施加面板自重等荷载进行整体核算。

5.9.2 施工分析结果

本项目网格框架施工过程有如下分步：

（1）架立两侧主钢梁与主体结构支撑点连接，并树立门框钢架，施工变形结果如图 5-57 所示。

（2）建立临时支撑胎架。临时支撑胎架对网格框架结构的支撑，在施工阶段分析过程中简化为以支座模拟，计算模拟过程中胎架不显示。

（3）按顺序组装如图 5-55 中的分片网格，并将每一片网格对应的胎架支撑点设置为单点连接单元；组装时分片的网格框架之间焊接，通过 2 点刚性连接单元模拟，网格框架分片组装阶段变形结果如图 5-58 所示。

（4）增加网格框架整体四周未布置的支座、增加采光顶面板及雨篷结构。取消胎架临时支撑，把连接单元属性设置为"空"，即使其失效。施工阶段完成变形结果如图 5-59 所示。

施工阶段模拟完成后，对结构施加设计荷载，重新计算结构的承载力及稳定性。

5.9.3 施工分析结果与设计模型对比

经过施工阶段分析，结构已经通过施工过程中累积的变形导致网格框架结构几何形态发生改变，考虑施工模拟计算后结构的变形与一次性加载模型位移存在差异。施工模拟结果自重下变形最大为 63mm，如图 5-59 所示；设计模型一次性加自重的变形如图 5-60 所示，最大为 56mm。

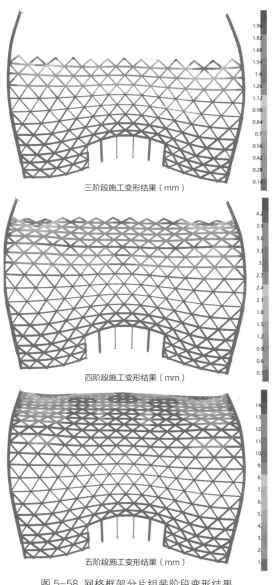

三阶段施工变形结果（mm）

四阶段施工变形结果（mm）

五阶段施工变形结果（mm）

图 5-58 网格框架分片组装阶段变形结果

考虑施工阶段分析的模型，后续在其他工况下的变形结果与一次性加载结果差异更大，此处分别取自重＋活载（图 5-61、图 5-62）、自重＋正风压作用（图 5-63、图 5-64）进行对比。

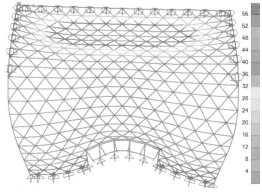

图 5-60 设计模型一次性加自重的变形

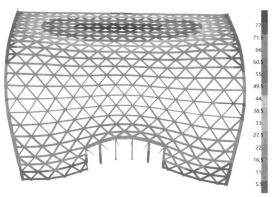

图 5-61 施工过程分析后自重＋活载变形

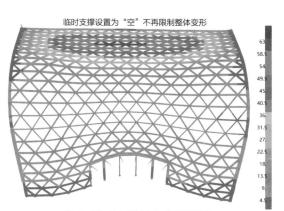

临时支撑设置为"空"不再限制整体变形

图 5-59 施工阶段完成变形结果

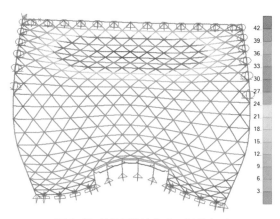

图 5-62 结构原设计自重＋活载变形

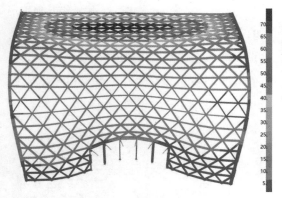

图 5-63 施工过程分析后自重 + 正风压变形

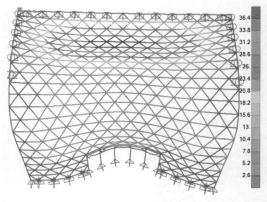

图 5-64 结构原设计自重 + 正风压变形

根据变形结果可知，一次性加载时结构的刚度更大，其在受荷载时，主要变形在曲面网格框架平缓位置，且在均布活荷载或正风压下使前部下压，平缓位置提升，变形反而减小，说明原设计在平缓区与向下过渡区域联系刚度较大；采用施工阶段分析后，结构在自重下变形稍微变大，同时在均布活荷载或风荷载作用下结构变形更大，结构平缓区与向下过渡区域的联系刚度减小。所以结构变形与一次性加载有较大变化，需要研究考虑施工阶段分析的最大变形时，采光顶面板是否会相互挤压，导致面板破坏。

结构应力比的对比情况如图 5-65、图 5-66 所示。考虑施工阶段分析后结构杆件应力分布与一次性加载不同，受力最大杆件主要在下部门框附近，应力增加了 35% 左右，内力往曲面网格框架底部门框集中；同时顶面应力较大杆件从两

侧往中间移动。以此估计，结构顶部整体有向下塌落变形，导致其内力有所变化，且对结构安全有一定影响。

5.9.4　施工预起拱方案

根据前文所述，考虑施工阶段分析后，结构顶部有向下变形的趋势，为了减小施工过程向下变形对结构的整体影响，试考虑在施工过程中对曲面网格顶部平缓区域采用向上顶举 50mm 的方法重新进行施工阶段分析，顶举点位如图 5-67 所示。

经过顶举重新塑形后，结构自重下的变形最大为 49mm，小于原设计变形，如图 5-68 所示。同时结构杆件应力比分布如图 5-69 所示，杆件应力比最大为 0.59，比原设计中 0.61 稍小，所以顶举措施达到了预期结果，并且受力更为优化。

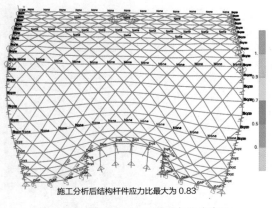

施工分析后结构杆件应力比最大为 0.83

图 5-65 考虑施工分析后结构杆件应力比

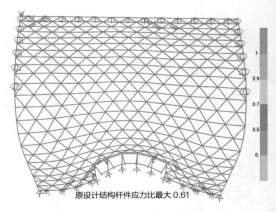

原设计结构杆件应力比最大 0.61

图 5-66 原设计结构杆件应力比

参数化幕墙的实践　上海张江科学会堂表皮解析与建造

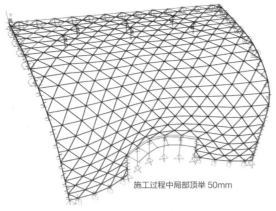

图 5-67 顶举点位图

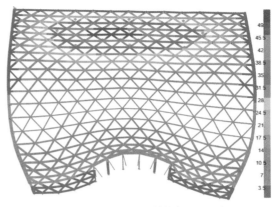

图 5-68 顶举塑形后，结构自重下的变形

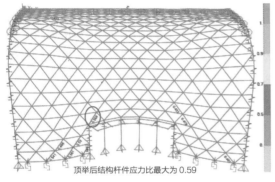

图 5-69 顶举后结构杆件应力比

5.9.5 总结

经对比，大跨度钢结构的整体理论设计分析结果，与经过阶段施工模拟分析刚度重分布的结果，有较大差别。考虑阶段施工模拟分析后，结构变形比原设计大，应力也有所增大。最终，通过预起拱的方式，有效地减小了施工时应力重分布引起的危害。所以，对于大跨度钢结构，进行施工阶段分析是很有必要的。针对施工分析的结果采取必要的施工措施，可有效避免结构偏离设计，避免设计风险。

5.10 定制钢定位点确定

本系统定制钢采用 50t 汽车起重机配合曲臂车进行安装。现场安装环节有两个比较关键的问题，一个是放线定位，一个是钢架临时支撑。钢架放线需要提供各拼接节点坐标、支座连接点坐标以及整体校核坐标，这些数据也可以通过犀牛软件分别导出，现场据此严格控制钢架安装精度。现场钢架安装编号及定位如图 5-70 所示。

本系统钢骨架分为三部分，分别为门框龙骨、两侧边龙骨及中间部位钢龙骨骨架；根据现场实际情况，本系统龙骨分三个批次安装，第一批次

为门框龙骨，第二批次为两侧边龙骨，第三批次为中间部位钢龙骨。钢骨架组成如图 5-71 所示。

门框龙骨安装顺序为先立柱后横梁，门框横梁安装完成后再进行整体满焊，在满焊过程中，采取两边对称施焊方式防止骨架变形。现场钢架安装流程如图 5-72 所示。门框骨架安装时定位点设置在门框四角、立柱与地面连接处以及立柱与横梁连接处。每根立柱安装完成后需复核立柱顶端高度、左右及前后位置，满足要求后方能进行横框上端的横梁安装。门框龙骨定位点设置如图 5-73 所示。

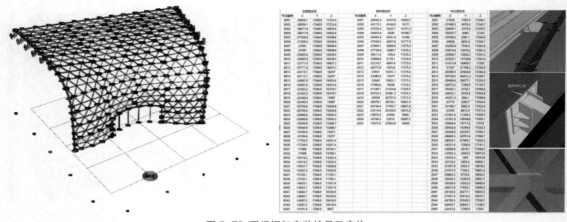

图 5-70 现场钢架安装编号及定位

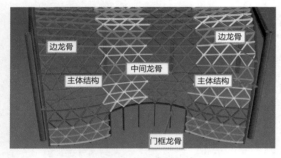

图 5-71 钢架龙骨组成

门框龙骨安装完成后进行两侧边龙骨安装，两侧边龙骨单根长度过大，拟将每根边龙骨分成两段进行拼接吊装，单根边龙骨最大重量为3440kg，底部龙骨安装时为保证稳定性和安全性，此段龙骨的中段需采用临时钢材固定点与旁边主体钢结构临时焊接固定，底部边龙骨底端与地面预埋件焊接固定。安装时先点焊，待复核无误后方能将底部边龙骨分别与埋件和主体钢结构满焊，满焊完成后方能摘去汽车起重机吊钩。底端边龙骨安装时，定位点设置于与地面预埋件连接处外侧中心点，如图 5-74 所示。

上端边龙骨安装时，尾部转接件需先与埋件点焊，顶部与底部边龙骨上端对接拼装，同时中段需采用钢件与主体钢结构临时焊接固定。先进行左侧边龙骨安装，后进行右侧边龙骨安装，两侧边龙骨安装工艺相同。顶端边龙骨两端与两侧边龙骨焊接固定，后侧与主体钢结构通过转接件螺接连接，就位经核查无误后进行满焊，所有连接点满焊完成、牢固后方能进行汽车起重机摘钩。此部位安装时定位点设置于顶端边龙骨与侧龙骨内侧相交线中心，如图 5-75 所示。

上方边龙骨安装完成后进行底部边龙骨安装。底部边龙骨吊装时，采用单点吊装，吊点位于顶端三分之一处，吊装时龙骨下部需栓绑缆风绳，吊装时底部须有作业人员紧拽绳索，防止吊

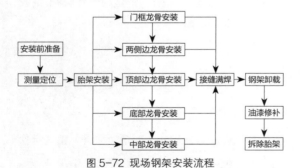

图 5-72 现场钢架安装流程

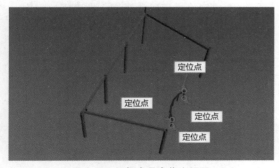

图 5-73 门框龙骨定位点设置

参数化幕墙的实践 上海张江科学会堂表皮解析与建造

装过程中龙骨左右摆动。底部边龙骨两端分别与门框立柱及侧边龙骨焊接，底部与地面预埋件连接。为保证中间骨架的安装精度，将底部边龙骨安装的定位点设置于骨架弯弧处上表面外侧，如图5-76所示。

在安装中间骨架时，考虑到操作便利以及骨架安装过程中自身荷载，中间骨架安装至上部弯弧位置时，需架设胎架临时固定。钢架在拼装完整、满焊之前不能单独受力，待钢架整体满焊、所有支座连接到位，并释放应力之后，拆除胎架。因此需要根据钢结构受力特点，在合适位置设置胎架作为临时支撑。根据钢结构跨度、受力分析计算结果，使用犀牛软件参数化方法对胎架支撑位置进行优化。

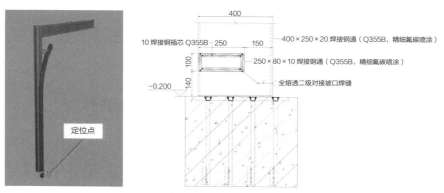

图5-74 侧边龙骨安装定位点及安装节点

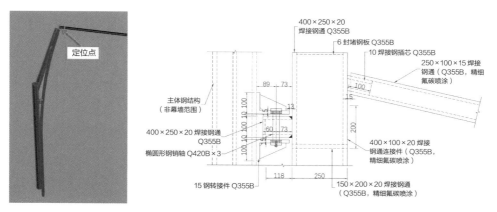

图5-75 侧边龙骨安装定位点及顶端边龙骨安装节点

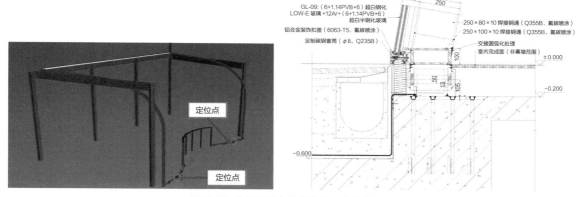

图5-76 底部龙骨安装定位点及安装节点

本系统范围内设置20个钢格构柱作为胎架，按四排五列分布，每个格构柱中心与水平方向上相邻两榀 F 系统骨架拼接处对应。钢柱顶部横向焊接固定 100×50×5 矩形钢作为临时操作平台龙骨，焊缝厚度不小于 5mm。为增加牢固程度，平台与胎架立柱间需增加钢斜撑，斜撑规格为 100×50×5 矩形钢，上方满布钢跳板形成操作平台。

钢格构柱胎架安装顺序由里向外进行，第二排胎架安装完成后可进行第一排安装平台龙骨焊接，再进行第三排胎架安装，以此类推，直至所有胎架和施工平台安装完成。

每个胎架最外侧龙骨设置若干与骨架横梁接触点，接触点起承重和定位作用，接触点可上下调节，每个接触点均需单独编号，同时根据定位图在相应单元骨架对应位置做同样编号，安装骨架时将骨架单元上横梁标记点与接触点对齐，确保安装精度。胎架接触点安装完成后须采用全站仪进行复核，发现偏差立即调整，确保后续骨架安装准确。整体胎架平面布置如图 5-77 所示，三维视图如图 5-78 所示。

胎架安装完成后，需仔细检查，发现有漏焊或者焊缝不到位的地方，需及时补焊。检查无误后方可进行下道工序施工，辅助安装胎架，以满足安装本系统钢骨架时的安装平台需求及受力支撑需求。

边龙骨及门框龙骨安装完成后进行中间龙骨安装，根据本系统骨架特征，将中间龙骨整体分为 40 个部分进行制作和安装，具体分片如图 5-79 所示。

中间龙骨采用汽车起重机进行吊装，安装顺序为从底部依次向上安装。骨架安装时需注意控制安装精度，每榀骨架安装时需按定位点进行安装，定位点设置于每榀骨架与相邻骨架拼接节点中心，节点坐标采用犀牛软件导出确定，骨架定位后采用全站仪复核，无误后方可进行下一榀骨架安装

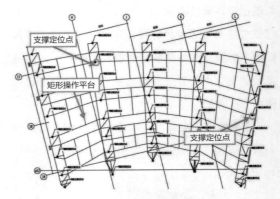

图 5-77　整体胎架平面布置图

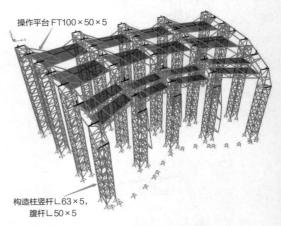

图 5-78　整体胎架三维视图

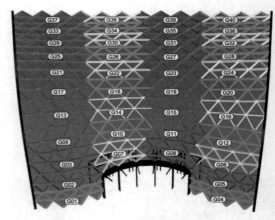

图 5-79　中间龙骨分片示意

及满焊，避免安装误差的积累。

底排骨架单元下侧及左右侧，分别先与边龙骨、门框立柱及底部连接点点焊后进行复核，准确无误后进行满焊，所有连接点满焊完成经过检

查合格后才能进行汽车起重机松钩。底排骨架安装示意如图 5-80 所示。

第二排骨架安装底部与第一排骨架上端连接固定，其余部位安装方式同底排骨架。第二排骨架安装示意如图 5-81 所示。

第三排以上骨架单元安装，水平方向外视从左往右，其余安装固定方式与第二排相同，每榀单元骨架安装完成后，均需复核满足要求后，方能进行下一榀的安装，不得间隔安装，直至所有骨架单元安装完成。当安装弯弧部位以上的骨架时，考虑到骨架在安装时需预起拱，根据设计计算结果，最大预起拱高度为 50mm，防止骨架安装完成、拆除承重胎架后，骨架下沉影响

安装精度。第三、四排骨架安装示意如图 5-82 所示。

本系统骨架拼接焊缝为一级焊缝，需做超声波探伤检查。所有骨架安装完成，并满焊检查无误后，进行钢架油漆修补，要求与 A1 系统定制钢油漆修补一致。作业完成后将安装胎架拆除，拆除顺序与安装胎架顺序相反，先拆除平台，再拆除钢格构柱。拆除时采用曲臂车进行，钢格构柱拆除时可分段从上到下，采用气割割成小段后分段取下。拆除时需遵守现场安全规章制度，并且注意避免对已安装好的系统钢骨架造成破坏。本系统骨架安装过程照片如图 5-83 所示。

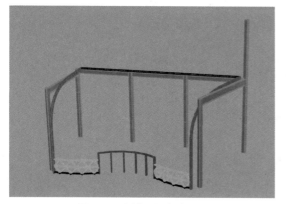

图 5-80 底排骨架安装示意

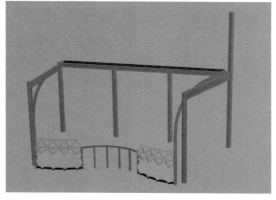

图 5-81 第二排骨架安装示意

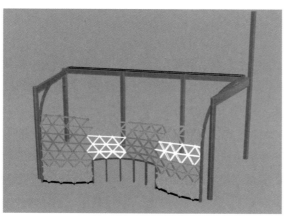

图 5-82 第三、四排骨架安装示意

图 5-83 本系统骨架安装过程照片

5.11 定制钢安装精度复核

　　钢架安装完成，难免会有施工误差和结构挠度，经现场坐标测量，挠度误差最大处有39mm，平面内安装误差最大处有22mm，钢结构焊接应力和支撑胎架卸载会导致这些误差的产生。这些误差对于铝合金幕墙这种高精度的外墙安装是致命的。因此有必要依据现场测量结果对原模型进行修正，保证安装顺利。

　　最近几年三维扫描技术的应用已相当广泛，但对于三维扫描的结果进行点云处理，目前技术尚不成熟。因为点数量很多，点云数据过多，如果没有合理的处理方式，则对于电脑性能要求相当高。

　　本项目采用犀牛插件Grasshopper对点云进行处理，提取共面的点云，利用这些点云生成平面，再求得这些平面的交线，然后就能得出钢结构的轮廓。通过这些轮廓来修正原始模型，并对玻璃面板做出调整。点云处理过程如图5-84～图5-88所示。

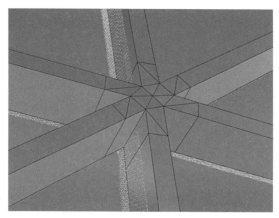

图 5-84 高度方向沉降

图 5-85 平面内安装误差

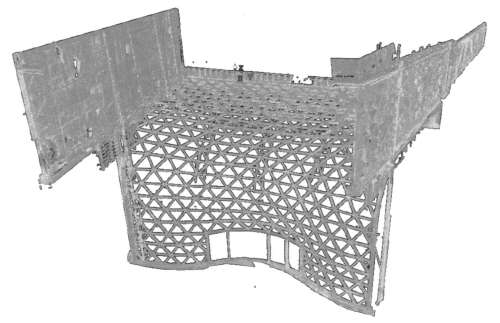

图 5-86 三维扫描点云

图 5-87 逆向龙骨

图 5-88 点云生成龙骨

5.12　幕墙面板制作与安装

　　本工程中另外一个比较大的难点是玻璃面板加工。由于相邻面板夹角较小，变化范围在 $180° \pm 23.5°$，胶缝宽 15mm，同时玻璃配置为（6+1.14PVB+6）+12Ar+（6+1.14PVB+6）超白半钢化中空夹胶玻璃，其厚度达 38mm，因此玻璃安装时如果不飞边，夹角小于 180° 时，内片玻璃会相碰；夹角大于 180° 时，内片玻璃尺寸过小，不够粘贴铝合金副框。为了保证幕墙能正常安装，就必须对每一块玻璃的每一条边进行正确的飞边。而角度不同，飞边的尺寸也不尽相同，如果使用手工放样来解决，无疑会花费大量人力和时间，正确率也不一定能满足要求。

　　处理这种情况也是犀牛软件 Grasshopper 最擅长的。在软件中先对节点进行放样，对各种情况进行分类合并，然后结合三角函数，利用 Grasshopper 编程计算每一块玻璃对应的每一条边的飞边方向和尺寸，并导出内片尺寸、外片尺寸、飞边尺寸以及面板编号到 Excel 表，结合 Auto CAD 加工图就可以生成加工单，发送给工厂加工了。利用三角函数计算玻璃飞边值如图 5-89 所示。

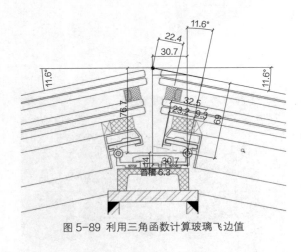

图 5-89 利用三角函数计算玻璃飞边值

5.12.1　面板组框

　　接下来的难点是玻璃组框，与玻璃面板飞边

原理类似，玻璃面板组框时，相邻板块副框的距离是固定的，因此副框与玻璃边之间的距离也是随角度变化的。这也可以采用放样结合三角函数和参数化编程解决，需要导出的数据包括：每条边的长度、两端的切角、打孔位置、玻璃边的对应关系以及偏移距离。然后编制玻璃面板组框图及数据表发送给加工厂加工。利用三角函数计算副框边距如图 5-90 所示。

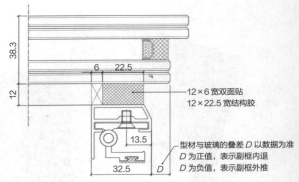

图 5-90 利用三角函数计算副框边距

5.12.2　底座 U 形槽定位

　　由于玻璃副框底座分为两部分，与玻璃粘贴的副框为通长布置，而与钢结构相连的副框为 25mm 长，而此副框与钢结构底部的距离是一个变化的尺寸，因此需要一个 U 形槽钢底座来调节距离，从而保证玻璃面的进出关系，使玻璃面能安装平顺。这个 U 形槽定位时，就必须根据面板的位置和底部副框的位置来确定 U 形槽的位置和高度。使用 Grasshopper 把 U 形槽归类合并、编号，导出加工高度及定位坐标给施工现场。

　　玻璃面板的安装、调节、施工次序，以及如何吸收施工偏差，也十分关键。

　　在 U 形槽安装前，现场可根据设计提供的 U 形槽理论加工高度与现场已经安装好的骨架完成面位置相结合，判断 U 形槽的加工高度是否需要调整，需调整加工高度的 U 形槽采用编号归类法，明确其安装位置及调整后的加工高度，吸收骨架在安装完成后产生的偏差。根据面板夹角和龙骨位置计算 U 形槽高度如图 5-91 所示，根据骨架完成面高度确定 U 形槽加工高度如图 5-92 所示。

玻璃面层在加工厂进行二次粘副框后，发运现场进行安装。玻璃安装顺序由下至上，由一侧向另一侧进行安装，为保证玻璃安装精度，安装定位点设置于整体玻璃面层外围与铝板及门交接节点中心，将安装偏差在本类型幕墙内进行吸收，避免影响整体安装效果。安装过程及完成效果如图 5-93 ~ 图 5-96 所示。

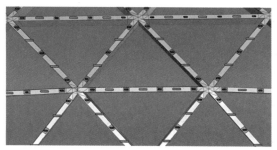

图 5-91 根据面板夹角和龙骨位置计算 U 形槽高度

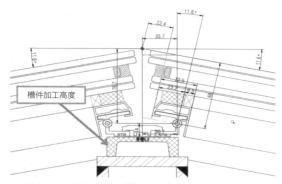

图 5-92 根据骨架完成面高度确定 U 形槽加工高度

图 5-93 采用汽车起重机配合曲臂车安装玻璃

图 5-94 玻璃安装定位点设置示意

图 5-95 面层安装完成效果——外景

图 5-96 面层安装完成效果——内景

5.13 小结

通过对各种工艺的梳理，在不同部位使用不同的加工工艺，实现了定制钢结构构件的加工精度和加工效率的优化。然后通过工厂拼接的方式，实现钢架小范围内的精度可控。安装现场对钢架关键点的定位控制，尽最大可能消除安装误差。最后结合三维扫描来实现精度校核和局部纠偏。使用可变高度的 U 形槽来吸收钢结构挠度和安装误差，完美精准实现理论设计的曲面效果。面板夹角变化导致的玻璃边碰撞，可以通过三角函数计算每一条边的每一层玻璃的不同飞边尺寸来避免。最终龙骨安装完成效果、面板安装完成效果如图 5-97、图 5-98 所示。

图 5-97 龙骨安装完成效果

图 5-98 面板安装完成效果

6

CHAPTER

第 6 章

A 字形定制钢曲面幕墙体系
—S 系统

6.1　S 系统介绍

　　S 系统为玻璃 + 金属板定制钢框架采光顶，造型为屋顶气泡造型，系统面积约为 1100m²。S 系统钢龙骨主要为 8mm 厚异形龙骨杆件和 200×100×8 焊接钢通；转接件采用 10mm 厚定制钢转接件。钢龙骨中使用量最大的为 8mm 厚异形杆件，200×100×8 焊接钢通主要用于最底层起步位置。其中 200×100×8 定制钢杆件重量最大，最大长度为 2m，重 80kg，钢龙骨表面为氟碳喷涂。S 系统气泡造型立面如图 6-1 所示。

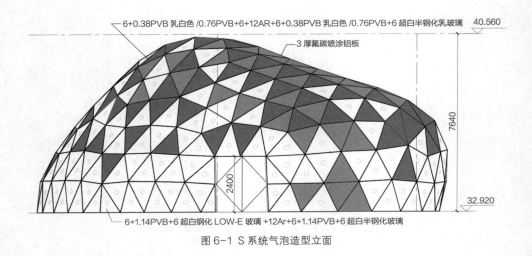

6+0.38PVB 乳白色 /0.76PVB+6+12AR+6+0.38PVB 乳白色 /0.76PVB+6 超白半钢化乳玻璃　40.560

3 厚氟碳喷涂铝板

7640

2400

32.920

6+1.14PVB+6 超白钢化 LOW-E 玻璃 +12Ar+6+1.14PVB+6 超白半钢化玻璃

图 6-1　S 系统气泡造型立面

6.2　支座连接

　　气泡造型定制钢系统支座均连接于楼面上，与楼面结构进行铰接连接。S 系统气泡造型幕墙如图 6-2 所示。

6.3　整体钢结构受力分析

6.3.1　计算假定

　　A 字形定制钢气泡造型采光顶，下部支座直接固定到屋面上，与屋面结构进行铰接连接。其杆件为焊接定制钢 A 字形截面，S 系统龙骨如图 6-3 所示。

采光顶所受荷载有：

自重荷载标准值：$DEAD$=0.5kPa（综合考虑铝板及玻璃）；

注：龙骨自重由软件自动计算。

采光顶正风压标准值：win+=0.5kPa；

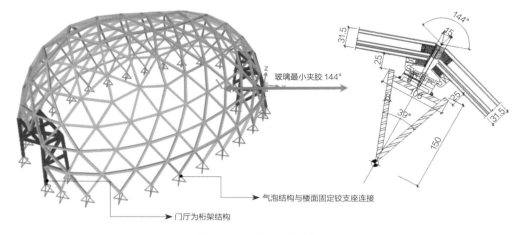

图 6-2 S 系统气泡造型幕墙

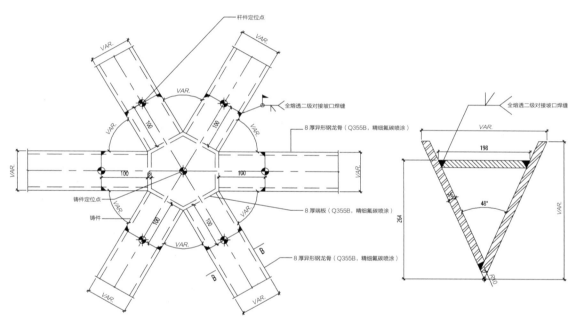

图 6-3 S 系统龙骨

采光顶负风压标准值：$win-=2.389\text{kPa}$；

采光顶立面受正压、顶面受负压：$win+-=1.27\text{kPa}$、2.389kPa；

采光顶活荷载 / 雪荷载：$L=0.5\text{kPa}$；

面板水平地震作用标准值：$q_{ek}=0.5×0.4=0.2\text{kPa}$；

龙骨水平地震作用 q_{ek} 采用重力自乘系数 0.4 的方式加载。

考虑龙骨温度荷载：$temp=20℃$；

S 系统计算模型如图 6-4 所示。

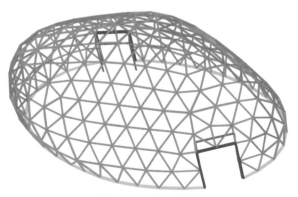

图 6-4 S 系统计算模型

其中荷载组合列表如表 6-1
所示。

6.3.2 承载力计算

通过计算，杆件应力比最大
为 0.575 < 0.95，其承载力满
足要求，如图 6-5 所示，且杆
件较大应力比主要出现在顶部
杆件位置。根据分析，顶部杆件
主要受轴力及弯矩，杆件应力留
有足够余量，避免后续杆件、连
接节点出现承载力不足的情况。

表 6-1 荷载组合列表

组合	荷载	系数	组合	荷载	系数	组合	荷载	系数
COMB1-NL	$DEAD$	1.35	COMB6-NL	$DEAD$	1.3	COMB10-NL	$DEAD$	1.3
	$win+$	0.9		$win+$	1.5		$win-$	0.9
	q_{ek}	0.65		q_{ek}	0.65		q_{ek}	0.65
	L	1.05		L	1.05		L	1.05
	$temp$	0.24		$temp$	-0.24		$temp$	-0.84
COMB2-NL	$DEAD$	1.35	COMB7-NL	$DEAD$	1.3	COMB11-NL	$DEAD$	1
	$win+$	0.9		$win+$	0.9		$win-$	0.9
	q_{ek}	0.65		q_{ek}	0.65		q_{ek}	-0.65
	L	1.05		L	1.5		$temp$	0.84
	$temp$	-0.24		$temp$	0.24	COMB12-NL	$DEAD$	1
COMB3-NL	$DEAD$	1	COMB8-NL	$DEAD$	1.3		$win-$	0.9
	$win-$	1.5		$win+$	0.9		q_{ek}	-0.65
	q_{ek}	-0.65		q_{ek}	0.65		$temp$	-0.84
	$temp$	0.24		L	1.5	D+L-NL	$DEAD$	1
COMB4-NL	$DEAD$	1		$temp$	-0.24	D+W+-NL	$DEAD$	1
	$win-$	1.5	COMB9-NL	$DEAD$	1.3		$win+$	1
	q_{ek}	-0.65		$win+$	0.9	D+W--NL	$DEAD$	1
	$temp$	-0.24		q_{ek}	0.65		$win-$	1
COMB5-NL	$DEAD$	1.3		L	1.05	D	$DEAD$	
	$win+$	1.5		$temp$	0.84			
	q_{ek}	0.65						
	L	1.05						
	$temp$	0.24						

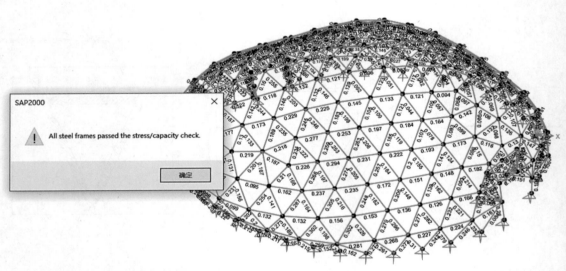

SAP2000

⚠ All steel frames passed the stress/capacity check.

确定

	Frame Text	DesignSect Text	DesignType Text	Status Text	Ratio Unitless	RatioType Text	Combo Text	Location (mm)
▶	425	80~40×80×8	Brace	No Messages	0.309806	PMM	COMB3	1613.62
	291	80~40×80×8	Brace	No Messages	0.304903	PMM	COMB4	0
	319	80~40×80×8	Brace	No Messages	0.302335	PMM	COMB4	0
	261	80~40×80×8	Brace	No Messages	0.302061	PMM	COMB4	1566.21
	394	80~40×80×8	Brace	No Messages	0.295508	PMM	COMB3	1582.99
	296	80~40×80×8	Brace	No Messages	0.293794	PMM	COMB3	948.9
	241	80~40×80×8	Brace	No Messages	0.28731	PMM	COMB4	0
	443	80~40×80×8	Brace	No Messages	0.282198	PMM	COMB3	0
	334	80~40×80×8	Brace	No Messages	0.280768	PMM	COMB4	0
	470	80~40×80×8	Brace	No Messages	0.279462	PMM	COMB3	0

图 6-5 承载力计算结果

结构在自重下变形会影响施工安装后的挠度情况，面板可能出现无法安装或挤压变形等情况。分析得到的变形结果如图6-6所示。现行行业标准《空间网格结构技术规程》JGJ 7中的挠度要求如表6-2所示，结构在自重下变形最大值为7.7mm≤L/400=7500/400=18.75mm，满足要求。

综合其他标准组合工况的变形结果，其中最大变形为纯自重下的变形。其他荷载工况下，由于曲面网格整体受压，导致轴力增大，反而抗弯引起变形减小，如图6-7所示，恒载＋活载变形结果就略小于自重下变形结果。

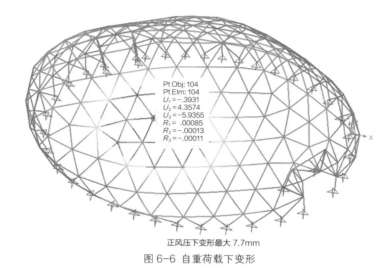

正风压下变形最大7.7mm

图6-6 自重荷载下变形

表6-2 现行行业标准《空间网格结构技术规程》JGJ 7中的挠度要求

结构体系	屋盖结构（短向跨度）	楼盖结构（短向跨度）	悬挑结构（悬挑跨度）
网架	1/250	1/300	1/125
单层网壳	1/400	—	1/200
双层网壳立体桁架	1/250	—	1/125

注：对于设有悬挂起重设备的屋盖结构，其最大挠度值不宜大于结构跨度的1/400。

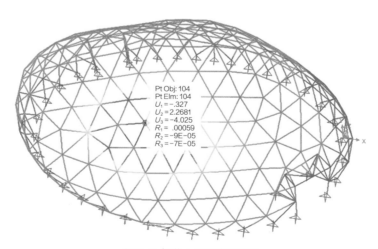

图6-7 恒载＋活载变形结果

6.3.3 整体稳定分析

根据现行行业标准《空间网格框架结构》JGJ 7 中 4.3.4 条的规定，对曲面网格框架结构进行稳定分析，稳定分析过程如下：

以结构自重为初始荷载，在荷载标准值作用下，对结构在不同工况下进行稳定分析，荷载标准值组合工况如图 6-8 所示。

根据现行行业标准《空间网格结构技术规程》JGJ 7 要求，进行网壳失稳全过程分析时应考虑初始几何缺陷（即初始曲面形状的安装偏差）影响，初始缺陷分布可采用结构的最低阶屈曲模态，其缺陷最大值可按网壳跨度的 1/300 取值，如图 6-9 所示。Y 方向正风压作用下结构稳定性分析结果如图 6-10 所示，左侧为失稳时的变形，右侧为加载的全过程曲线，结构在水平剪力 V_y=400000N 作用时失稳。根据图 6-11，正风压下 Y 方向水平反力为 V_x=19069N，则结构稳定系数 μ =400/19.07=20.98 ＞ 4，结构稳定性满足要求。

荷载组合		
组合	荷载	系数
sc1-bucking	*win+*	1
	q_{ek}	0.5
	L	0.7
	temp	0.2
sc2-bucking	*win-*	1
	q_{ek}	-0.5
	temp	0.2
sc3-bucking	*win+-*	1
	q_{ek}	0.5
	temp	0.2
sc1-bucking-2	*win+*	1
	q_{ek}	0.5
	L	0.7
	temp	-0.2
sc2-bucking-2	*win-*	1
	q_{ek}	-0.5
	temp	-0.2
sc3-bucking-2	*win+-*	1
	q_{ek}	0.5
	temp	-0.2

图 6-8 荷载标准值组合工况

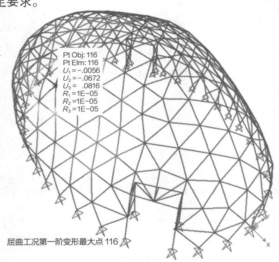

Pt Obj: 116
Pt Elm: 116
U_1 = -.0056
U_2 = -.0672
U_3 = .0816
R_1 = 1E-05
R_2 = 1E-05
R_3 = 1E-05

屈曲工况第一阶变形最大点 116

图 6-9 结构一阶屈曲模态

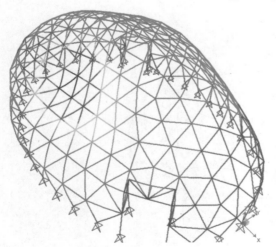

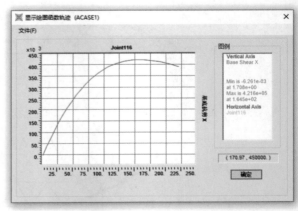

图 6-10 Y 面正风压作用下结构稳定性分析结果

参数化幕墙的实践 上海张江科学会堂表皮解析与建造

Base Reactions

	OutputCase	CaseType Text	StepType Text	GlobalFX N	GlobalFY N	GlobalFZ N	GlobalMX N-mm	GlobalMY N-mm	GlobalMZ N-mm	GlobalX mm	G
▶	dead	NonStatic	Max	-0.006651	-0.006752	429577.15	-312845887	4510225390	-108.42	0	
	dead	NonStatic	Min	-0.006651	-0.006752	429577.15	-312845887	4510225390	-108.42	0	
	ACASE2	NonStatic	Max	19069.19	-193348.88	428912.81	-254184371	4456288777	1964043227	0	
	ACASE2	NonStatic	Min	19069.19	-193348.88	428912.81	-254184371	4456288777	1964043227	0	

图 6-11 结构反力结果

6.4　A字形龙骨截面成形

　　S 系统的龙骨大部分为夹角 48° 的 A 字形龙骨，钢板厚度 8mm。部分区域采用三段折弯来适应气泡造型幕墙的曲面造型。如何高效低成本实现该外形是本系统的关键。A 字形龙骨的两种典型裁面如图 6-12 所示。

6.4.1　普通 A 字形龙骨成形

　　A 形龙骨存在一个问题，A 字形尖角面对室内，室内的人容易碰到尖角受伤，因此 A 形龙骨前端需要倒圆角以解决碰撞问题。这个 R 角半径设计为 5mm，在工艺上如何低成本、高效率地实现这种效果，值得细细推敲一番。

　　对于如何实现这个 R 角，我们讨论并给出了 3 种方案，方案如图 6-13 ～ 图 6-15 所示。

　　一是采用两块钢板，其中一块使用机器铣圆角，然后与另一块侧板焊接并打磨成形。此方案比较繁琐，工作量比较大，精度不高。

　　二是采用两块钢板加一根直径 10mm 的圆钢，拼焊及打磨成形。此方案圆角半径比较标准，工作量也比较大，两边焊缝都要打磨。

　　三是钢板刨槽折弯，自然形成圆角。此方案圆角只是接近半径 5mm，外观效果稍差，但成本和人工消耗大幅降低，是最经济的选择。

　　刨槽折弯的宽度和深度决定了 R 角的大小、折弯处的强度、是否会裂开，需要通过试验对比来确定。根据图纸截面分析和以往折弯经验，8mm 厚原板的深度控制在 4mm，宽度 30mm。

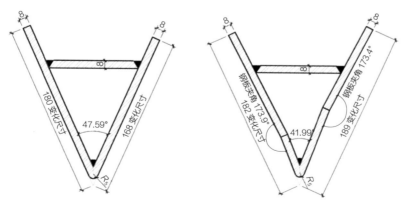

图 6-12 A 字形龙骨的两种典型截面

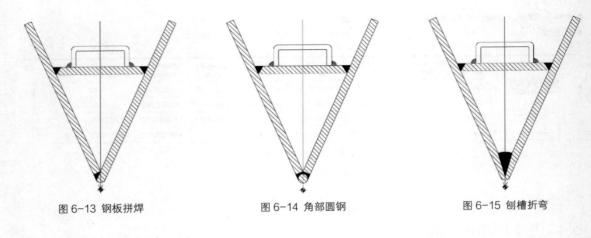

图 6-13 钢板拼焊   图 6-14 角部圆钢   图 6-15 刨槽折弯

在此基础上，我们试验了厚度分别为：3mm、4mm、5mm 的样品，样品宽度则以 3mm 为间隔，设置了 5 组作为对比：24mm、27mm、30mm、33mm、36mm，共计 15 种样品对比效果。最终确定刨槽深度 4mm、宽度 33mm 是接近图纸外形，且强度最高的方案。

经过对坡口不同宽度和深度的不断尝试，最终实现了 R 角尺寸接近理论要求，同时视觉上 R 角效果均匀一致，完全满足外观要求。

6.4.2 三段折弯龙骨成形

另外一个难点就是三段折弯的龙骨，此龙骨需要正反两个方向的折弯。

S 系统是边长为 1500mm 左右的三角形小半径双曲面，而 A 字形龙骨的顶点在杆件汇聚的角点必须交于同一点，经过整体放样，部分 A 字形龙骨倾斜角度太大，导致龙骨外口相交错位，这样的外观不可接受，同时玻璃也无法安装。刨槽折弯分析如图 6-16 所示。

为了解决这个错位的问题，保证杆件两端节点外观的美观，我们将 A 字形龙骨的两侧板再次折弯。因此一块板需要三次折弯，这对加工工艺是一个比较大的挑战。三段折弯图纸如图 6-17 所示。

钢板在切割之前，使用激光定位需要折弯的区域，然后根据折弯角度的不同，计算折弯处刨槽宽度、深度，使用刨槽机根据折弯

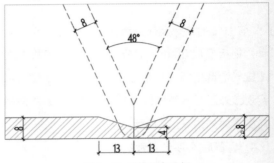

图 6-16 刨槽折弯分析

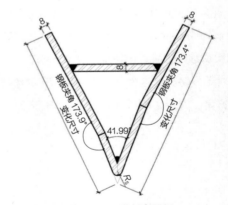

图 6-17 三段折弯图纸

方向，确定刨槽内外位置。中间采用折弯机成形，然后通过模具校正达到设计角度。最后依据折弯定位线，对两侧板进行反向折弯成形。钢板刨槽如图 6-18 所示，刨槽折弯成品如图 6-19 所示。三段折弯模型、成品及龙骨加工如图 6-20 ~ 图 6-22 所示。

图 6-18 钢板刨槽

图 6-19 刨槽折弯成品

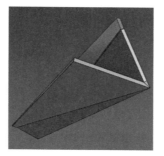
图 6-20 三段折弯模型

图 6-21 三段折弯成品

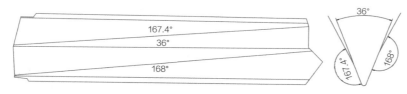
图 6-22 三段折弯龙骨加工图

6.5　A 字形相交节点分析

选取杆件受力最大位置，对杆件拼接节点建立有限元模型并进行分析。有限元模型及分析结果如图 6-23 所示。

连接节点铸件应力最大为 203MPa ≤ 265MPa，节点承载力满足要求。

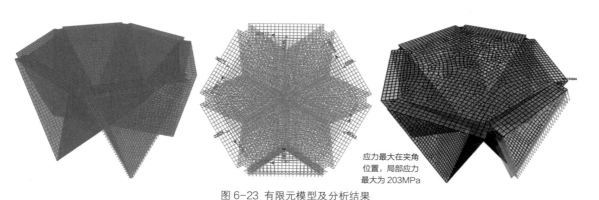
应力最大在夹角位置，局部应力最大为 203MPa

图 6-23 有限元模型及分析结果

6.6　A 字形截面节点成形

针对 S 系统的钢架节点，我们探索了 3 种加工工艺：模具铸造（图 6-24）、局部铸造（图 6-25）和相贯切割（图 6-26）。

模具铸造优势明显，缺点也很明显。优势是精度高、外形美观，缺点是造价高、加工周期长。局部铸造失去了整体铸造的精度优势和美观优势，而缺点没有明显减少。因此对比下来，相贯切割是最理想的一种加工方式，其传力途径明确、成本较低，而且减少了杆件的对接焊缝，对提高杆件线条的流畅性和结构强度都有很大帮助。

节点加工工艺对比如表 6-3 所示。

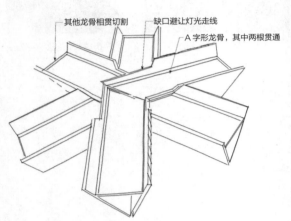

图 6-24 模具铸造

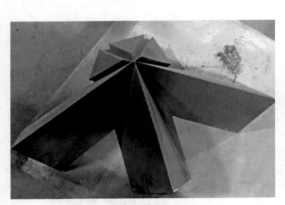

图 6-25 局部铸造

图 6-26 相贯切割

表 6-3 节点加工工艺对比

工艺	加工难度	时间成本	加工成本	定位是否方便
模具铸造	中等	长	高	不方便
局部铸造	中等	长	偏高	不方便
相贯切割	低	短	低	方便

6.7　钢架分片分析

对于整个钢架，拆成单个零件在现场拼装或者钢架整体安装，都是不合适也不经济的方式。单个零件拼装，精度无法控制，成本和工期也会非常高。而钢架整体安装，对工厂和运输条件都有很高要求，现实情况显然无法满足这些。钢架分片是一个自然而然的选择，而如何对钢架分片则要综合考虑各方面因素。钢架分片安装的优点如下：

（1）现场焊接量大大减少，降低安全风险。

（2）在加工厂平面拼装有利于控制加工质量和提高拼装效率。

（3）在加工厂拼装有利于施工现场展开工作面，提升现场板块利用率，可以同时拼装多个单元，加快施工进度。

按照工厂加工条件、运输条件、吊装条件和经济性考虑，根据S系统钢骨架分布，将3个气泡造型钢架划分为49个单元板块（图6-27～图6-29），每个单元板块尺寸控制在3600×9000以内，在加工厂加工为半成品后再运输至现场拼装。

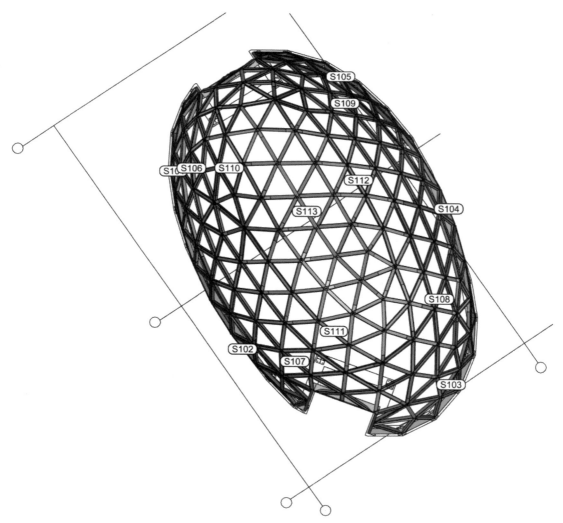

图6-27　气泡造型钢架一分为13个单元板块

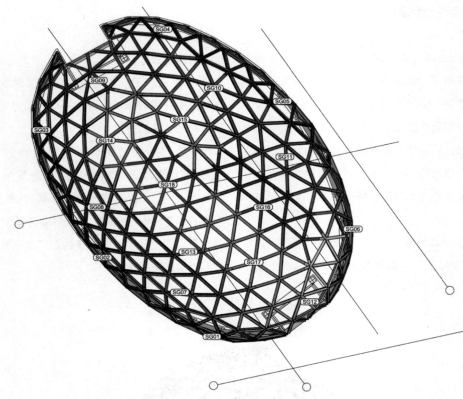

图 6-28　气泡造型钢架二分为 18 个单元板块

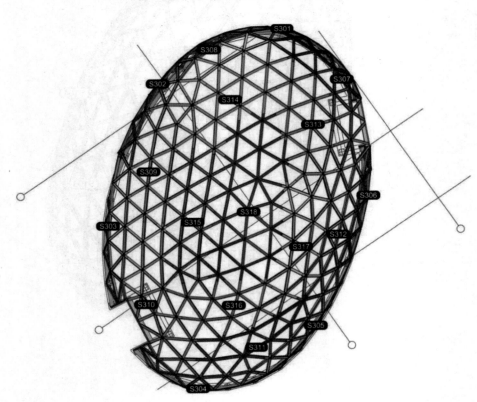

图 6-29　气泡造型钢架三分为 18 个单元板块

6.8 定制钢工艺图

定制钢加工的首要工作是零件拆图，这个工作如采用手工方式操作，必然效率太低，而且容易出错。现使用犀牛插件 Grasshopper，可以对所有钢板，按钢架次序编号，按指定方向一键批量生成加工图，并标注尺寸及编号，形成加工明细表，方便工人归类、安装。

使用 Grasshopper 软件对杆件编号，然后对折弯钢板展开，标记折弯线及安装标记线，并标注尺寸。加工厂根据不同加工图中不同的图层来切割和标记，方便后续加工。龙骨加工图导出如图 6-30 所示，钢板激光切割图如图 6-31 所示。

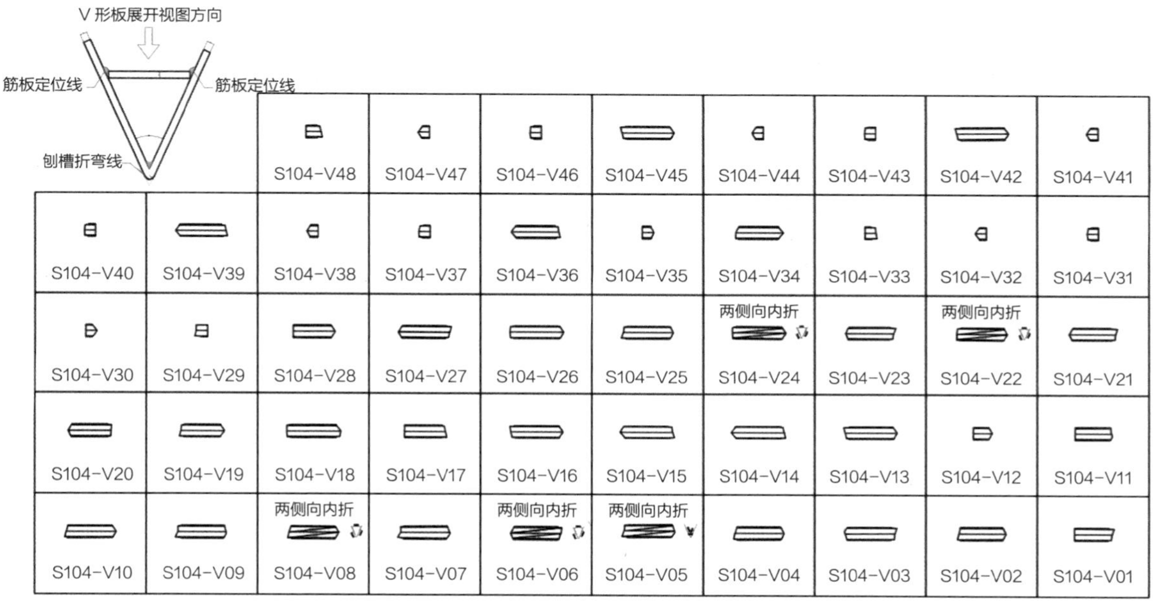

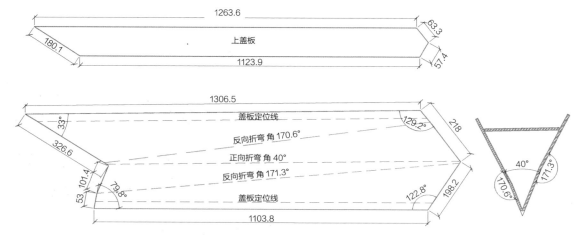

图 6-30 龙骨加工图导出

图 6-31 钢板激光切割图

6.9 定制钢加工工艺

S系统的A形龙骨底部为锐角，没有了矩形钢管底部的直边，导致定位不能使用S系统的方案，也不能对各交会节点使用小平台定位。

我们先将A形龙骨的三条关键边投影到平面上，并将关键交点坐标标注到平面上，然后在安装平台（图6-32）上画出所有关键点及控制线及控制点（图6-33），龙骨小件加工完成后，使用定制的托架固定，托架可调整高低、左右位移及旋转角度，通过两个方向及角度的调整，龙骨小件关键边缘与地面投影边线对齐，然后调整杆件交会点，完成定位，最终进行焊接工作。

图6-32 安装平台

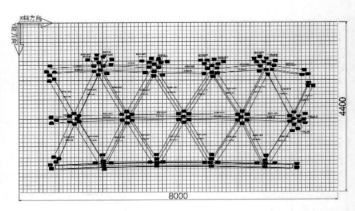

图6-33 控制线及控制点

6.10 定制钢定位及安装

6.10.1 安装前准备

骨架材料到工地后通过南立面大门进入现场，到场骨架材料采用汽车起重机吊运至屋面，由于气泡造型钢架三距离屋顶边缘较远，需采用液压车平面倒运至安装位置附近，其余两个气泡造型钢架可以直接采用汽车起重机吊运至安装位置附近。材料需码放整齐，按总包指定位置堆放，不得有阻碍现场人员和材料通行的情况发生。钢架进场现场图及采用汽车起重机转运现场图如图6-34、图6-35所示。

6.10.2 吊装机具选择

本工程从吊装重点和吊装位置考虑，气泡造型钢架一、二采用50t汽车起重机进行安装，气

图6-34 钢架进场现场图

图 6-35 采用汽车起重机转运现场图

图 6-38 气泡造型钢架三采用自制拔杆配合手拉
葫芦进行吊装

6.10.3 使用 BIM 辅助定位坐标

采用 BIM 技术将气泡钢架整体建模，确定骨架与轴线关系（图 6-39），并在各个骨架的关键点位建立坐标（图 6-40），为下一步测量放线及安装工作打好基础。每片钢架定位点设于与之相邻骨架交接节点中心前口，每片刚架均需按照定位点位置进行定位安装，避免安装过程中的偏差积累。使用 BIM 技术确定定位点坐标，安装过程中采用全站仪进行控制及复核。底部钢架安装定位点定于与地面连接处外沿口前口，确保安装完成后整体钢架外立面精度。

由于三个气泡造型钢架均为独立结构，与主体结构相连接的位置为下部挡水台，为了控制结构偏差，挡水台控制线在浇筑之前由设计者确定并上报总包，挡水台上预埋件由设计者测量放线后埋设，浇筑后的挡水台经过测量偏差控制在设计允许范围，不需要重新调整。

6.10.4 测量放线

S 系统单个气泡造型钢架分为三部分，分别为门框龙骨、首排起始龙骨及中间龙骨。根据现场实际情况，S 系统龙骨分三个批次安装，第一批次为门框龙骨，第二批次为首排起始骨架，第三批次为中间龙骨。

由于底部门框龙骨为中间定制钢骨架的固定连接点，安装前利用 BIM 技术先确定好门框龙骨各个关键点位置，在门框龙骨安装时，需实时采用全站仪进行监测。发现有偏差立即纠正，以

泡造型钢架三由于离建筑边缘较远，50t 汽车起重机支臂长度无法满足吊装距离，因此材料吊运至屋面后，使用液压车水平运输至气泡造型钢架三吊装位置，采用自制拔杆配合手拉葫芦进行安装（图 6-36 ~ 图 6-38）。

图 6-36 气泡造型钢架一采用 50t 汽车起重机进行吊装

图 6-37 气泡造型钢架二采用 50t 汽车起重机进行吊装

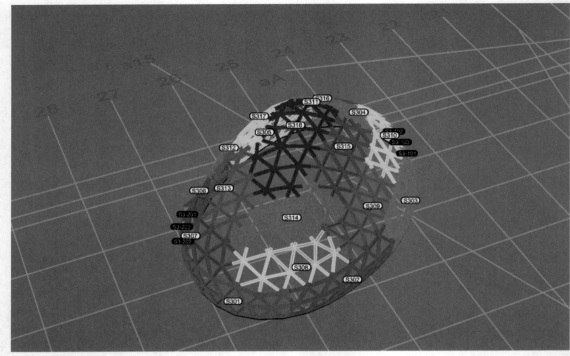

图 6-39 确定骨架与轴线关系

SG01					SG02					SG03			
点编号	X	Y	Z		点编号	X	Y	Z		点编号	X	Y	Z
1s001	847.6	2303.2	367.5		2s001	820.73	18	400.6		3s001	463.73	2480.7	232.9
1s002	879	2435.9	315.3		2s002	887.63	14.4	417.4		3s002	468.23	2468.7	238.1
1s003	1005.2	2581.2	281.6		2s003	937.33	110.3	441.7		3s003	482.73	2294.6	119.5
1s004	1017.2	2296.3	451.1		2s004	938.23	46.9	263.1		3s004	492.73	2150.6	316.3
1s005	1025.8	2306.6	451		2s005	1004.03	43.8	277.6		3s005	492.73	2398.1	259.4
1s006	1046.5	2428.9	397.6		2s006	1052.83	8.1	447.3		3s006	495.33	2168.4	313.8
1s007	1049.2	2419	405.2		2s007	2138.23	-25.5	607.1		3s007	566.53	2618.4	218.7
1s008	1075	2352.6	444.5		2s008	2211.33	-27.7	618		3s008	568.73	2405.7	281.9
1s009	1122.1	2217.3	517.2		2s009	2248.43	5.3	460.6		3s009	583.13	2406.2	284.8
1s010	1128.5	2409.7	440.9		2s010	2259.33	62.3	640.6		3s010	591.13	2259.7	318.1
1s011	1128.5	2409.6	440.8		2s011	2310.13	3.3	469.5		3s011	607.13	2260.2	321.3
1s012	1129.9	2226.9	517.3		2s012	2378.23	-30.8	632.5		3s012	661.63	2534.6	94.7
1s013	1142.5	2637.2	306.5		2s013	3498.33	-39.7	674.8		3s013	681.43	2538	271.2
1s014	1179	2286.5	512.6		2s014	3562.13	-40.1	676.8		3s014	1852.43	2600.7	500.7
1s015	1179	2286.5	512.6		2s015	3599.63	-6.7	517.7		3s015	1937.03	2450.5	557.5
1s016	1179.3	2500.8	410.2		2s016	3615.53	57.3	703		3s016	1943.33	2439.4	561.7
1s017	1182	2486.7	414.1		2s017	3646.93	-6.9	518.8		3s017	1945.73	2595.8	348.5
1s018	1182.2	2490.1	418.4		2s018	3727.23	-40.1	676.6		3s018	1949.23	2304.1	591.9
1s019	1200.6	2416.2	465.2		2s019	4883.23	-25.9	609.3		3s019	1954.23	2315.6	590.8
1s020	1237.9	2290.4	536.9		2s020	4942.13	-45	605.5		3s020	1983.23	2675.6	503.8
1s021	1250.6	2291.3	540.9		2s021	4974.73	9.2	442.2		3s021	1984.33	2374	579.1
1s022	1263.5	2425.8	490.4		2s022	4999.43	73.4	633		3s022	2018.93	2447.8	568.8
1s023	1278	2426.8	495		2s023	5004.73	9.9	439.1		3s023	2018.93	2447.8	568.6
1s024	1297.6	2624.8	379.9		2s024	5107.03	-21.6	588.9		3s024	2067.43	2526	560.3

图 6-40 在各个骨架的关键点位建立坐标

免后续钢骨架安装受到影响。

在此部位龙骨安装并满焊完成后，再一次检查钢龙骨安装的精确度，特别是连接点部位的准确度，以及检查工厂钢骨架的加工拼装精确度，二者皆无误后方能进行中部钢骨架的安装。钢架整体分片示意图如图 6-41 所示。

6.10.5 钢龙骨安装

以气泡造型钢架三为例，安装措施如下：根据钢骨架安装方式及现场施工情况，采用满堂脚手架，配合曲臂车进行安装。满堂脚手架既作为操作平台，同时也作为钢构架临时胎架起到支撑作用。

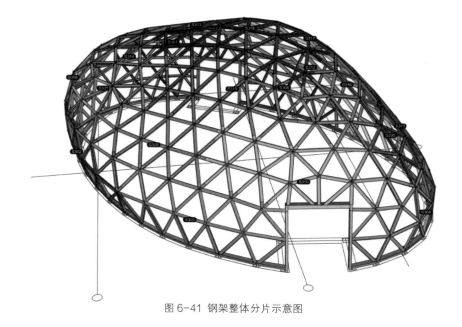

图 6-41 钢架整体分片示意图

（1）门框骨架的安装

安装工艺：门框骨架顺序为先立柱后横梁，门框龙骨的安装定位点为立柱与地面前口交接线中心，以及立柱与横梁前口交接线中心。每根立柱安装完成后需复核立柱顶端高度、左右及前后位置，满足要求后方能进行横框上端横梁安装，门框横梁安装完成后再进行整体满焊，在满焊过程中采取两边对焊方式，防止骨架变形。门框骨架龙骨定位及安装如图 6-42 所示，定位点如图 6-43 所示。

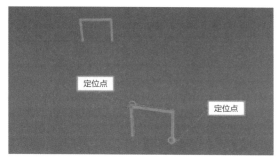

图 6-42 门框骨架龙骨定位及安装

（2）底部门两侧边龙骨安装

采用 BIM 技术确定门框两侧边龙骨底部固定点位置，同时将底部边龙骨与门框立柱前口底部交接线中心作为定位点，U 形转接件与底部固定点埋件焊接固定，采用自制钢架拔杆架设手拉葫芦将底部钢架提升（图 6-44），拔杆一端支撑于地面，另一端固定于满堂脚手架，安装底部骨架时转接件与骨架底部横梁先点焊，调整骨架至正确位置后再满焊固定。

门两侧第一排骨架安装完成后，进行其余首排骨架安装，骨架底部与主体结构连接固定，两侧与之前已安装好的骨架固定，骨架安装过程中

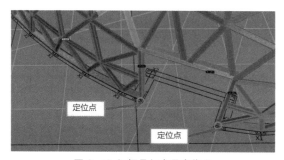

图 6-43 门框骨架龙骨定位点

图 6-44 采用自制钢架拔杆进行底部钢架提升

采用全站仪根据 BIM 技术所确定的定位点、连接点位置及杆件位置进行监测和指导调整。直至首排骨架全部安装完成（图 6-45）。

（3）中间部位钢骨架安装

第二排骨架安装时底部与第一排骨架上端连接固定，其余部位安装方式同底排骨架，按此方法依次向上进行骨架安装，直至全部安装完成（图 6-46、图 6-47）。

在安装骨架过程中，现场全程采用全站仪对安装精度进行复核。在每片骨架定位时，需及时复核骨架是否按照定位点安装，定位无误后，复核骨架其他关键点，特别是与相邻骨架交接节点中心，是否与理论坐标相吻合，若出现偏差需及时纠正，将偏差调整至设计允许范围，避免出现偏差积累现象，影响面层安装效果。同时每片骨架满焊过程中，需利用全站仪复核骨架是否有变形，一旦有变形情况，则需加强限制措施将骨架向偏差方向进行控制，避免偏差值超出设计允许范围。

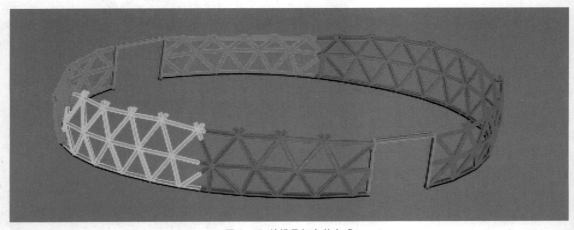

图 6-45 首排骨架安装完成

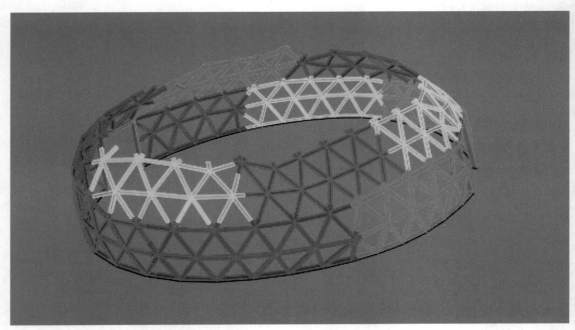

图 6-46 第二排骨架安装完成

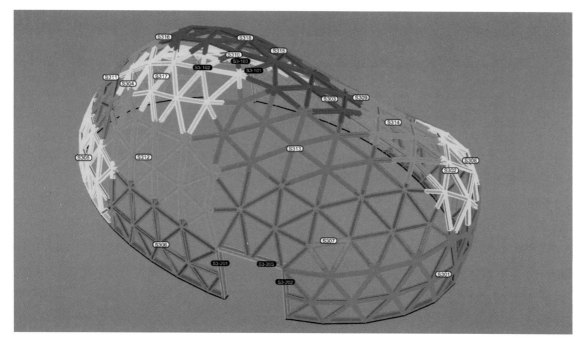

图 6-47 骨架全部安装完成

6.10.6 网架卸载

气泡造型钢架所有拼接焊缝均为一级焊缝，均需做超声波探伤检测。所有骨架安装完成并满焊检查无误后，需要对网架进行卸载，卸载步骤如下：

（1）吊装完成后，在临时支撑的指定位置布置螺旋千斤顶和顶升支座。

（2）解除原网架下方定位支撑与网架的连接。按分级卸载控制量，慢慢将骨架支撑进行下降，卸载过程中应严格控制各卸载千斤顶的同步性。

（3）网架整体卸载后，对支架进行拆除。先拆除外侧临时支架，然后拆除骨架中部临时支架。

（4）骨架卸载完成后暂不进行脚手架拆除，脚手架作为油漆修补操作平台继续使用。

6.10.7 油漆修补

骨架焊接工作结束后需对焊缝进行防腐喷漆，以及对构件上破坏的油漆面进行修补工作。利用各涂层的装饰作用、屏蔽作用、缓蚀作用和阴极保护作用达到对骨架材料长达 15 年以上的防腐装饰目的。本工艺采用的油漆配套为：环氧富锌底漆、环氧云铁中间漆、氟碳面漆。

油漆修补的涂装过程包括以下工序：打磨→涂环氧富锌底漆→干燥→局部原子灰找平→打磨→涂环氧云铁中间漆→干燥→打磨→涂氟碳面漆→稳定与固化。详述如下：

（1）涂装前表面处理

打磨骨架表面需涂装处，除去铁锈、油污、灰尘，增加粗糙度，以便环氧富锌底漆在钢型材表面取得良好的附着力。

（2）涂装环氧富锌底漆

在打磨工序完成后，立即涂装环氧富锌底漆。

工序要求：

1）涂装厚度 60μm 左右。

2）干燥 12h 后方可进行下一道工序。

（3）局部修补原子灰

目的：修复钢型材表面瑕疵。

操作流程：手工用刮刀将原子灰批刮钢型材表面的凹坑处，修复瑕疵，批刮再打磨平整。

工序要求：

1）批刮均匀、平整、无遗漏。

2）表面要求光滑，无修补刮痕，无灰尘、颗粒等其他污染物。

3）批刮完成后，干燥 12h 后方可进行下一道工序。

（4）打磨

目的：修复原子灰批刮后的钢型材表面瑕疵。

操作流程：在修补后的表面用手工打磨，360 号水砂纸打磨。

工序要求：除净表面灰尘、颗粒等其他污染物，至表面光滑、平整，无刮痕、灰尘、颗粒。

（5）涂装环氧云铁中间漆

目的：提高涂层对底材的屏蔽作用，提高涂层耐蚀性，提高面漆涂层与底材面的附着力。

操作流程：在环氧富锌底漆上涂装两道环氧云铁中间漆。

工序要求：

1）涂装间隔 1h。

2）涂装总厚度大于 100μm。

3）干燥 12h 后方可进行下一道工序。

（6）打磨环氧云铁中间漆表面

目的：修复环氧云铁中间漆喷涂后的瑕疵，不将不良品流转至下一道工序。

操作流程：用 360 号或 600 号水砂纸手工打磨。

工序要求：

1）除净表面灰尘、颗粒等其他污染物至表面光滑。

2）无灰尘、颗粒。

3）表面无气泡。

（7）涂装氟碳面漆

目的：装饰效果，抗老化作用。

操作流程：采用空气喷涂机进行涂装。

工序要求：

1）颜色光泽均匀一致。

2）无粗糙感、透底、流挂、股底、渗色、桔纹、气泡等现象。

3）总膜厚大于 40μm（面漆涂装）。

（8）涂层稳定与固化

目的：涂层经过干燥过程的成熟反应才达到使用要求，在涂料干燥之前对成品进行保护。

操作流程：静置 72h 以上常温自然干燥。

6.10.8 定制钢安装全过程

现场安装环节，有两个比较关键的问题，一是放线定位，二是钢架临时支撑。钢架放线需要提供各拼接节点坐标、支座连接点坐标以及整体校核坐标，这些数据都可以通过犀牛插件 Grasshopper 分别导出，现场据此严格控制钢架安装精度。钢架安装现场如图 6-48 所示，现场钢架安装编号及定位如图 6-49 所示。

图 6-48 钢架安装现场

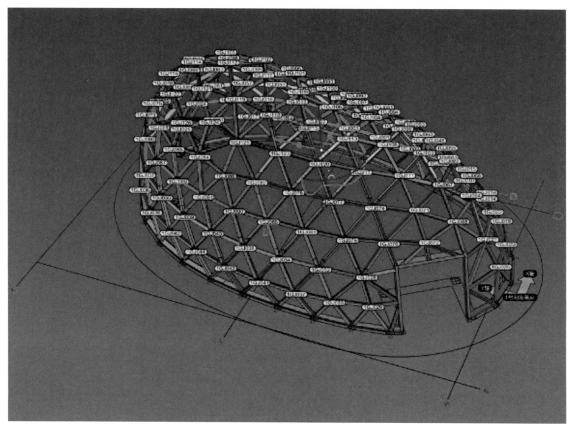

图 6-49 现场钢架安装编号及定位

钢架在拼装完整，满焊之前不能单独受力，因此需要根据钢结构受力特点，在合适位置设置胎架作为临时支撑。根据钢结构跨度、受力分析计算结果，使用犀牛软件参数化方法优化调整胎架支撑位置，直至找到最优解为止。

考虑到 S 系统椭圆形造型跨度小、高度矮的特点，我们采用满堂脚手架的方式来支撑钢结构，同时也作为工人的安装操作平台。针对钢架的拼接点，设置专用的托架系统，满足安装定位使用。钢架定位完毕，先使用点焊连接，待钢架整体安装完成之后进行满焊，焊缝抛光、喷漆后，拆除脚手架支撑体系。

6.11 定制钢安装精度复核

本项目定制钢结构的主体全部为焊接连接，过程中的安装偏差和焊接应力导致的变形都比较大，钢结构相对于混凝土结构精度要高出很多，但幕墙工程对主体结构的精度要求则更高，因此对于整体采用焊接的钢结构来说，如何解决钢结构的安装偏差是精确施工需要面对的一道难题。

当工程正向设计行不通的时候，就反向思维，采用逆向设计，通过三维扫描，将现场的钢结构实际情况反馈到三维模型里，使用完工的钢结构作为设计依据，反过来设计幕墙面板就能完美解决偏差问题。

先使用激光三维扫描仪对钢结构进行扫描，获得钢结构点云数据（图6-50），再使用犀牛插件 Grasshopper 进行点云处理，提取共面的点云，利用这些点云生成平面，再求得这些平面的交线，然后就能得出钢结构的轮廓。通过这些轮廓建立钢结构实体模型。合并原理论模型，根据修正后的实体模型，对玻璃面板、连接件及辅件等做出调整。这样可以高精度地完成幕墙面板安装。

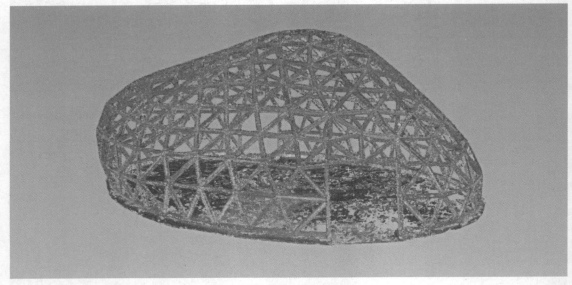

图 6-50 激光三维扫描点云

6.12 幕墙面板安装

6.12.1 安装前准备

（1）对安装完成的钢结构进行三维扫描并逆向建模

由于在钢龙骨安装过程中会出现偏差和结构挠度，钢龙骨完成面与理论完成面存在一定的误差，通过三维扫描可以得出安装完成的钢架各点的实际尺寸。然后通过软件逆向建模，采取调整措施，保证面层安装完成后满足设计精度要求。

（2）根据逆向建模结果设计调整面材下料尺寸及面层工艺图

先根据逆向建模结果对节点进行放样，对各种情况进行分类合并，然后结合三角函数，利用 Grasshopper 软件编程计算每一块玻璃对应的每一条边的飞边方向和尺寸，并导出内片尺寸、外片尺寸、飞边尺寸以及面板编号到 Excel，结合 Auto CAD 加工图就可以生成加工单，发送给工厂加工。

（3）U形槽定位及调节安装

由于已完成的钢龙骨与其理论位置存在偏差，为保证幕墙完成面准确，面层与龙骨之间的 U 形槽成为调节面层进出的关键，通过逆向建模结果，每个 U 形槽钢件需按给定尺寸加工并进行编号，安装完成后保证不同编号的 U 形钢件位于正确位置。U 形槽位置如图6-51所示。

6.12.2 面层安装

面层从加工厂运到现场核对完成无误后，将面板运输至待安装部位正下方。安装面材采取汽

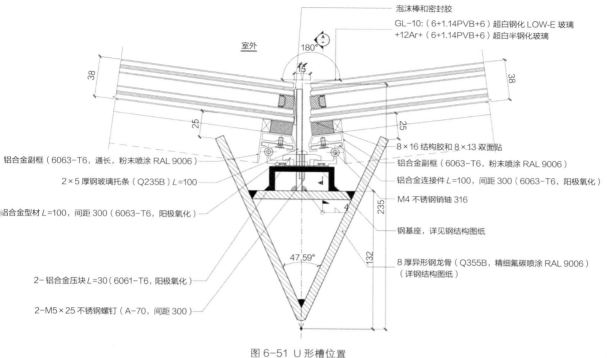

泡沫棒和密封胶

GL-10:（6+1.14PVB+6）超白钢化 LOW-E 玻璃 +12Ar+（6+1.14PVB+6）超白半钢化玻璃

室外

180°

15

38

25

铝合金副框（6063-T6，通长，粉末喷涂 RAL 9006）

2×5 厚钢玻璃托条（Q235B）L=100

铝合金型材 L=100，间距 300（6063-T6，阳极氧化）

8×16 结构胶和 8×13 双面贴

铝合金副框（6063-T6，粉末喷涂 RAL 9006）

铝合金连接件 L=100，间距 300（6063-T6，阳极氧化）

M4 不锈钢销轴 316

钢基座，详见钢结构图纸

8 厚异形钢龙骨（Q355B，精细氟碳喷涂 RAL 9006）（详钢结构图纸）

47.59°

235

132

2- 铝合金压块 L=30（6061-T6，阳极氧化）

2-M5×25 不锈钢螺钉（A-70，间距 300）

图 6-51 U 形槽位置

车起重机配合曲臂车、剪刀车等措施。板块初装完成后就对板块进行调整，调整的标准即横平、竖直、面平：即横梁水平、胶缝垂直、玻璃板和铝板在同一平面内或弧面上。

板块调整完成后马上需进行固定，采光顶面层为隐框面层，采用压块固定，上压块时要注意钻孔，螺栓采用不锈钢螺栓，压块间距不大于 300mm，上压块时要上正压紧，杜绝松动现象。面层安装完成后相邻面层之间的缝隙采用注胶处理，注胶时避免出现遗漏现象，注胶深度满足设计要求。面层安装照片如图 6-52 所示。

图 6-52 面层安装照片

6.13　小结

S 系统是张江科学会堂项目中的一个比较有特色、比较有难度的系统。因为截面特殊性和曲面曲率较大，在整个过程非常考验设计、加工、施工各方能力。采用低成本方案实现最佳效果是这个系统的最大亮点。

往往最简单的工艺处理方式才是最高效、成本最低的方式，S 系统的 A 字龙骨相贯拼接方式简单明了，是最适合此种截面的工艺做法。通过不断尝试，突破思维局限是破局的关键。合适的工艺处理方式，使得本系统顺利完成，确保了最终精准的安装质量和美观的建筑效果。

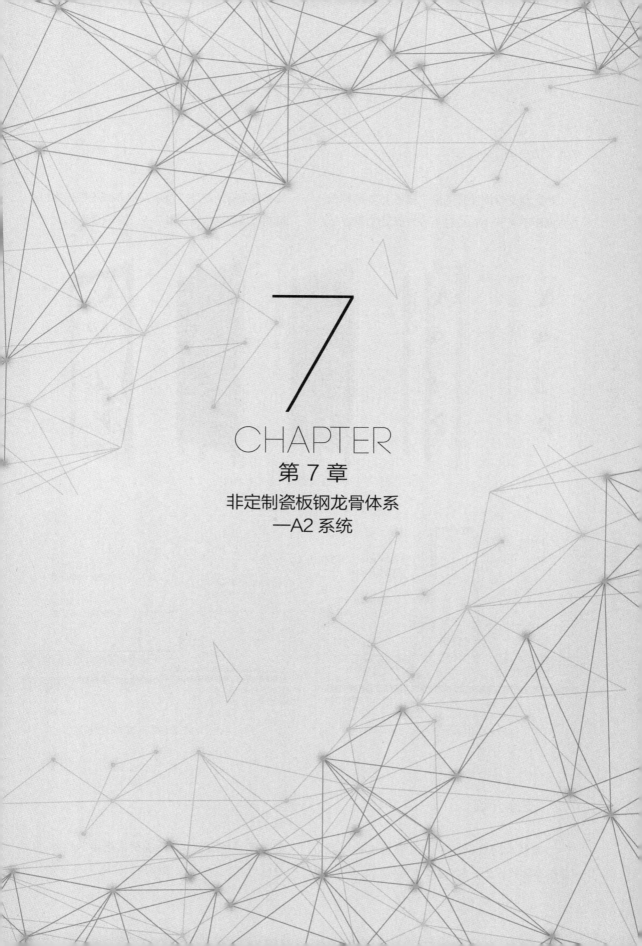

7

CHAPTER

第 7 章

非定制瓷板钢龙骨体系
—A2 系统

7.1 A2 系统介绍

非定制瓷板钢龙骨的竖向排布基本原则是，立柱间距不大于3m，立柱不应与透明玻璃窗干涉，其布置示意如图7-1所示。A2系统瓷板连接构造、窗洞玻璃连接构造如图7-2、图7-3所示。

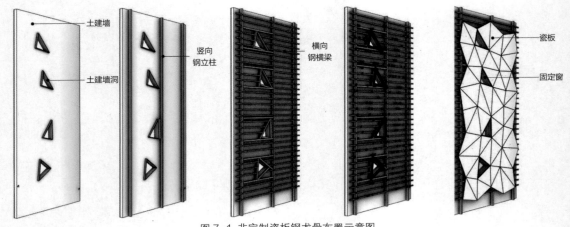

图 7-1 非定制瓷板钢龙骨布置示意图

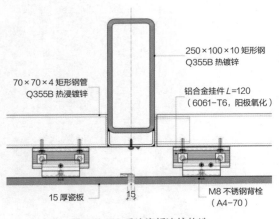

图 7-2 A2 系统瓷板连接构造

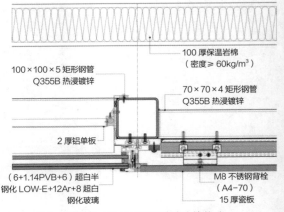

图 7-3 A2 系统窗洞玻璃连接构造

7.2 支座介绍

C 系统大跨度钢柱中，C1 按简支梁设计，C2 按连续梁设计，C3 按简支梁设计。其中 C1 部分区域需要和 A2 系统钢架连接为整体，C1 立柱对 A1 立柱有支撑作用，如图7-4所示。

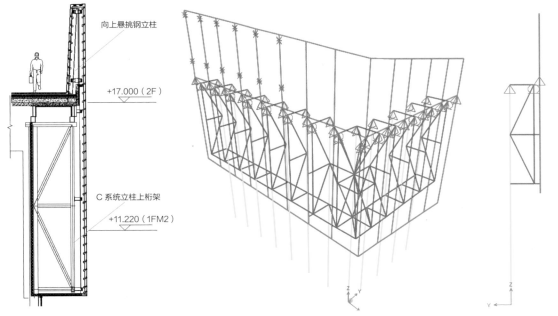

图 7-4 C 系统与 A1 系统相互支撑

7.3 立柱基本布置原则

本工程因立面多倾斜，且沿长度方向立面高度变化，导致立柱的支撑条件变化较大，立柱跨度种类较多。考虑立柱强度利用率的因素，通过对不同跨度及支撑条件的立柱进行计算，大致分为以下截面：

（1）简支支座间距≤6.12m，端部悬挑高度≤3m，钢立柱截面为200×100×8。

（2）简支支座间距＞6.12m 且≤7.98m，钢立柱截面为200×100×10。

（3）简支支座间距＞7.98m，悬挑＞3m，钢立柱截面为300×200×16。

（4）碰假窗，钢立柱截面为200×150×12。

（5）女儿墙内侧立柱，钢截面为100×100×5。

立柱基本布置及尺寸要求如图7-5所示。

转角立柱钢材截面为200×200×12，并增加斜撑加强转角立柱刚度。

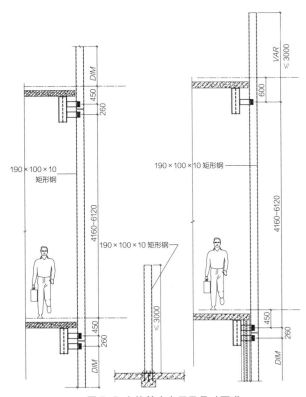

图 7-5 立柱基本布置及尺寸要求

根据支座情况及立柱计算的情况，在立面上进行龙骨布置转角龙骨布置如图 7-6 所示，可按照图 7-7 中的分区来确认龙骨的归属区域，提高立柱截面的统一性及利用效率。

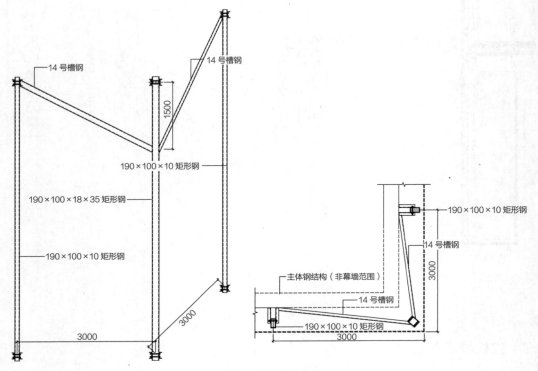

图 7-6 转角龙骨布置

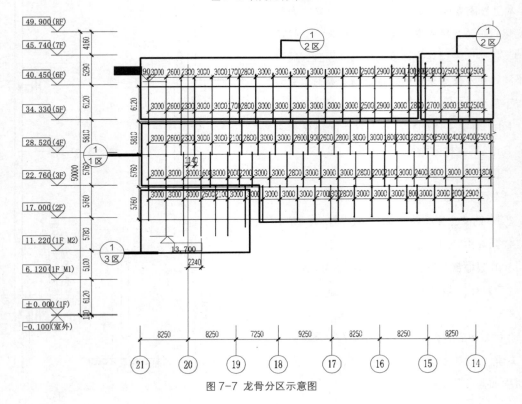

图 7-7 龙骨分区示意图

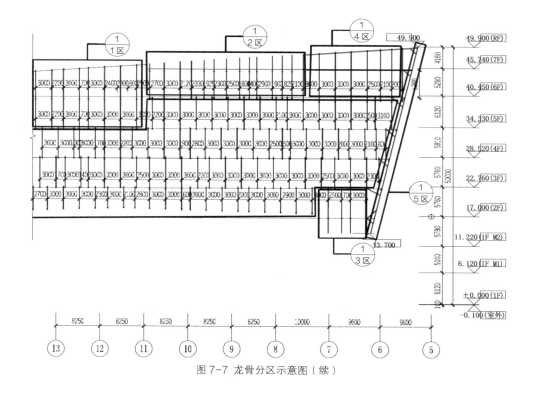

图 7-7 龙骨分区示意图（续）

7.4 转角处与大跨度玻璃幕墙龙骨的连接

此处系统只在二层位置有主体结构，下层 C 系统立柱跨 16m 连接于梁底，A2 系统立柱支撑于二层结构梁上，顶部支撑于加建悬臂钢梁上，A2 系统立柱下部支撑于 C 系统立柱外加设的局部桁架上。剖面示意及计算模型如图 7-8 所示。

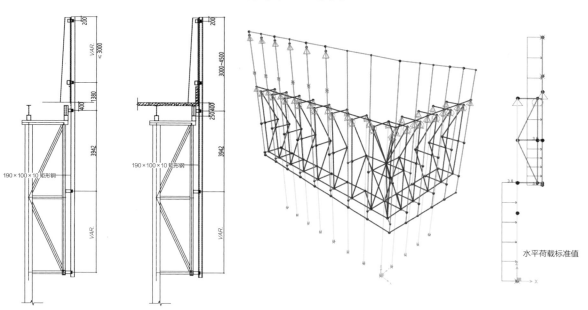

图 7-8 剖面示意及计算模型

7.5　与定制钢龙骨连接

从竖向剖面图可知，把网格框架视为立柱，则框架在竖直方向可视为四支点连续梁。在不可视区域龙骨为一般钢龙骨，上有双支点固定，端部悬挑部位通过转换钢通与定制钢系统连接形成整体。与定制钢龙骨连接如图7-9所示。

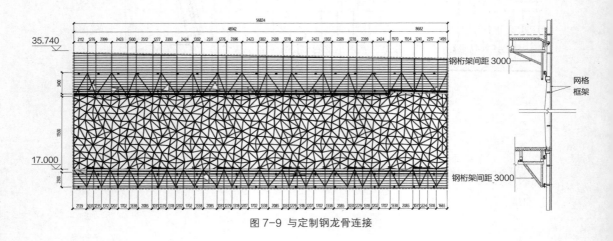

图 7-9　与定制钢龙骨连接

7.6　立柱布置区域示意

典型简支立柱布置区域如图7-10所示。

图 7-10　典型简支立柱布置区域

参数化幕墙的实践　上海张江科学会堂表皮解析与建造

带悬挑立柱布置区域如图 7-11 所示。

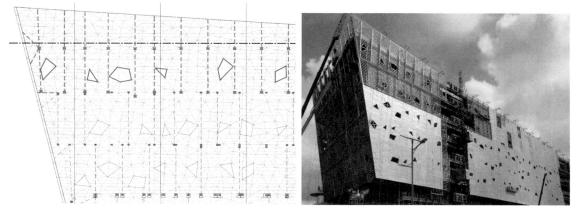

图 7-11 带悬挑立柱布置区域

与定制钢龙骨连接区域如图 7-12 所示。

图 7-12 与定制钢龙骨连接区域

8

CHAPTER

第 8 章

铝合金拉伸网幕墙
—G 系统

8.1 G系统介绍

8.1.1 系统分布

拉伸网是利用机械孔眼布局冲压拉伸成型的金属网格材料,可选钢质、铝质、铜质、钛金属等其他合金材料。经过压弯、辊弧等物理工艺,结合激光切割、镂钻、焊接以及模块化装配工序,凝合匠心精神锻造的金属拉伸网吊顶,广泛应用于大型商业空间、工业建筑、艺术展馆以及开放式装修风格的顶棚及吊顶。

相比传统金属平板,拉伸网具有自重轻、利用对流抗空气负荷的优点。镂空网眼布局扩大了建筑空间视觉效果;透视功能的顶棚,有利于消防、气体以及强弱电管网故障的排查。针对洁净建筑的要求,可预防或减少污染源的产生,且物业维保便捷,可节约管理成本。

本工程 G 系统为张拉铝网吊顶幕墙。面材为铝质氟碳喷涂拉伸网(图 8-1),龙骨为镀锌钢材,对透过拉伸网的可视钢表面进行涂黑漆处理。G 系统位于一层东大堂、周圈瓷板下端吊顶部位及下沉广场吊顶。G 系统总面积约 7000m^2。

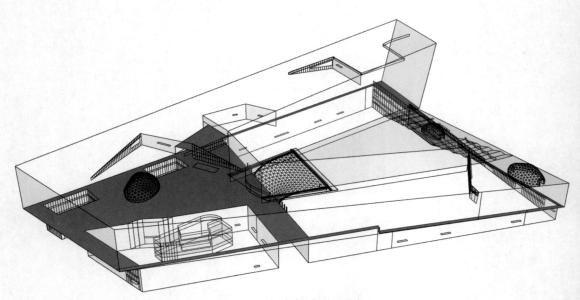

图 8-1 铝质氟碳喷涂拉伸网分布图

8.1.2 拉伸网节点

G 系统主龙骨及吊杆为 120×80×4 镀锌方钢,次龙骨采用 80×80×4 镀锌方钢。主龙骨与次龙骨交叉布置。次龙骨下端为铝合金氟碳喷涂 U 形槽,拉伸网通过螺栓挂接在 U 形铝槽上完成饰面安装。拉伸网安装节点如图 8-2 所示。

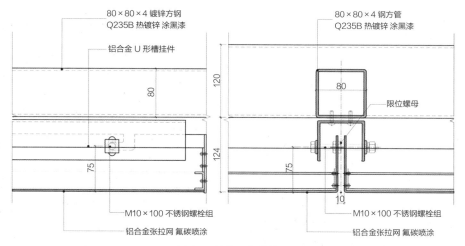

图 8-2 拉伸网安装节点

8.2 拉伸网产品应用

拉伸网是金属筛网行业中的一个品种，是使用金属板经冲剪、拉伸而形成的，具有菱形或方形孔眼的板状网。拉伸网的孔洞大小、图案可根据需要进行加工设计。拉伸网孔形如图 8-3 所示，颜色如图 8-4 所示。

此种产品广泛用于空间分割、墙面装饰、屏风窗户等，因其具有独特的柔性和光泽，色彩丰富，也大量应用在建筑表皮上。其应用实例如图 8-5 ～图 8-8 所示。

LD6（Fe）开口面积 40%，厚度 1.7　　LS6（Fe）开口面积 36%，厚度 1.7　　LS8（Fe+Al）开口面积 54%，厚度 1.9　　LS10（Fe）开口面积 57%，厚度 2.0　　LS12（Fe+Al）开口面积 66%，厚度 2.0　　LS16（Fe）开口面积 46%，厚度 2.0

图 8-3 拉伸网孔形

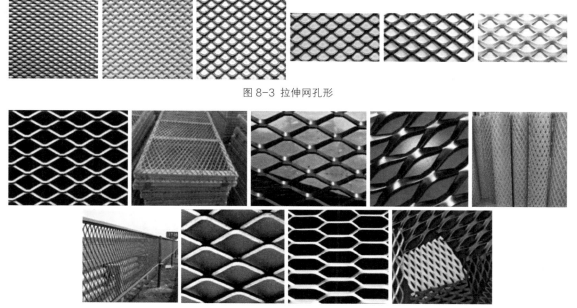

图 8-4 拉伸网颜色

图 8-5 外立面应用

图 8-6 吊顶应用

图 8-7 阳台护栏设计

图 8-8 装饰造型

8.3 拉伸网系统加工工艺

G 系统的拉伸网板块是采用铝合金拉伸网焊接在铝边框上制作而成的。图 8-9 显示了 G 系统拉伸网的制作工艺流程。

本系统的拉伸网原板选用知名铝网供应商提供的拉伸网原板产品。图 8-10 ~ 图 8-13 显示了拉伸网冲压成形、开平等原板产品加工

图 8-9 G 系统拉伸网的制作工艺流程

工艺流程以及相关设备。

拉伸网板成品加工制作包括铝边框制作、拉伸网原板裁切、网板与边框激光焊、成品清洗喷涂等工序。图8-14～图8-17显示了这些工艺流程。

图 8-10 拉伸网冲压设备

图 8-11 拉伸网冲压成形

图 8-12 拉伸网开平

图 8-13 成品拉伸网原板

图 8-14 铝边框制作

图 8-15 拉伸网原板裁切

图 8-16 网板与边框激光焊

图 8-17 成品清洗喷涂

8.4 拉伸网平整度分析

本工程铝拉伸网吊顶基本分格为 1150×1500，拉伸网工艺本身对面板强度就有大的削弱，因此挠度是否会影响建筑外观效果是我们比较关注的一个重点。

为了研究挠度问题，我们做了视觉样板来观察实际效果。样板实际结果不太理想，铝板下垂、"吊肚子"现象较为明显（图 8-18）。经实际测量，最大处挠度约有 9mm。针对这个问题，我们分析主要有两方面原因：

（1）拉伸网的校正。

图 8-18 视觉样板明显弯曲

（2）拉伸网与周边铝框的连接工艺处理未到位。

上述两个问题是对拉伸网下垂影响较大的因素，需要采购部和质量部加强对工厂生产的过程监督和成品检验。

采购部积极联系优质供应商及相关专业人士寻找解决方案，通过制作样件，发现按原正常工艺生产的成本拉伸网板，虽在各工序严格控制质量，但仍存在网板变形的现象。经过对比分析研究，主要原因是缺少了拉伸网板开平校正工序。考虑到拉伸网整体偏软，我们在拉伸网与边框焊接时，增加一定的预拉力，使得拉伸网保持绷直状态，这样就能在一定程度上缓解变形问题。

通过改进和增加工艺，解决了成品本身存在的变形问题，改进工艺之后的产品品质明显提升，这是解决平整度问题最关键的一环。

设计方面，我们研究并给出了以下几种可能的改善方案：

（1）减小铝板分格

$$Y_{max} = \frac{5ql^4}{384EI}$$

根据简支梁的挠度公式，挠度与跨度的 4 次方成正比，因此跨度 l 是挠度最大的影响因素，减小铝板分格是见效最明显的方式。把原有分格的短边从 1150mm 降低到 800mm 左右，挠度会有明显的减轻，平整度大大提升。此方案缺点也很明显，改变原有外墙分格对建筑外观效果有一定影响。

（2）增加铝板加强防坠筋

增加铝板加强防坠筋是一种快速提升铝板刚度的方式，但拉伸网为镂空结构，本工程的网孔较大，具备一定的透明性，因此增加加强防坠筋也会改变外观效果，这个是建筑师不可接受的。为了减小视觉上的影响，我们将加强筋更改为 4 厚的薄铝片，同时表面涂黑处理，拉结点的焊接尺寸尽量减小，最大限度减小视觉上的影响。铝板加强防坠筋安装节点如图 8-19 所示。

（3）增加拉伸网厚度

增加拉伸网厚度也是一个比较直接的增加面板刚度的方法，当然也会增加幕墙造价。经过与业主沟通，此方案最终得到业主接受。

经过研究对比及与业主、建筑师沟通，最终没有增加加强防坠筋，而是采用增加铝板拉伸网厚度、减小铝板分格两种方式解决了拉伸网下垂问题。

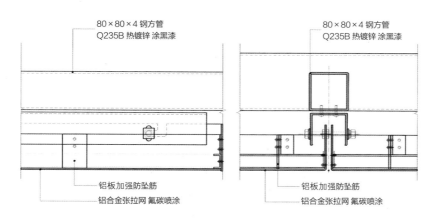

图 8-19　铝板加强防坠筋安装节点

8.5 拉伸网色差控制

拉伸网材质为铝合金单板，经冲压而成形。拉伸网冲压成型过程如图 8-20 所示。

冲压成形后的铝网，经开平、裁剪、焊接、清洗、消应力、喷涂等工序，得到拉伸网原板。

拉伸网开孔为等距排布的棱形孔，安装后相邻网片孔应保持在相同的排布位置，否则会影响整体效果。拉伸网网眼尺寸如图 8-21 所示，拉伸网格的对齐如图 8-22 所示。

另外，因拉伸网的几何特性，反光饰面是有唯一方向性的。反光饰面朝向不同，其反光效果也是不同的，体现出来的明显特征就是颜色不同，不同朝向的效果图如图 8-23 ~ 图 8-26 所示。

图 8-20 拉伸网冲压成型过程

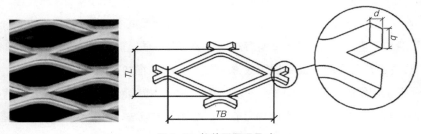

图 8-21 拉伸网网眼尺寸

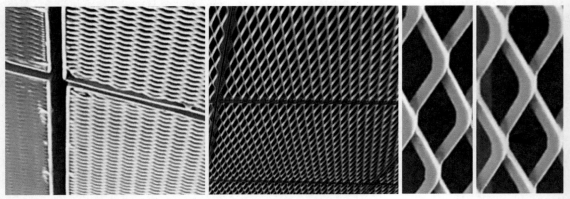

图 8-22 拉伸网格的对齐

图 8-23 反光饰面
向左效果

图 8-24 反光饰面
向右效果

图 8-25 反光饰面
向下效果

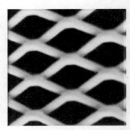

图 8-26 反光饰面
向上效果

鉴于上述情况，设计组在出具拉伸网加工图时，特意注明了菱形孔的排布方向及孔位定位基准。拉伸网工艺图如图 8-27 所示。

　　按图 8-27 加工，基本上可以完全避免相邻网片的菱形网孔出现有 90° 夹角的情况。但未能完全避免出现 180° 夹角的情况。

　　如图 8-28 所示，网 1、网 2 与旁边大面拉伸网的颜色不一致。导致这种现象的出现有以下两种原因：一是网 1 现场安装时，将拉伸网旋转了 180°，此拉伸网为正方形，且安装基座也是中心对称的，因此板块旋转 180° 也可以安装。

　　但网 2 的形状是梯形，因此无法旋转 180° 安装。所以，出现色差原因只能是网 2 加工时网孔排布原则与大面网板不一致。因为就算是按板加工图排孔（图 8-29），如果板加工时板面旋转 180° 或板正、反面调换，加工后的成品还是会出现如图 8-28 中颜色不正确的情况。经现场勘察，并综合考虑整改费用等因素，确定对图 8-28 所示位置的拉伸网重新加工。

　　同时，为避免加工时饰面再出现方向错的情况，在加工图中明确了反光饰面朝向，如图 8-30 所示。整改后，顺利消除了拉伸网的色差问题。

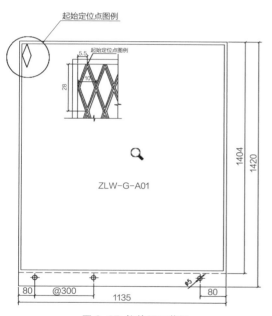

图 8-27 拉伸网工艺图

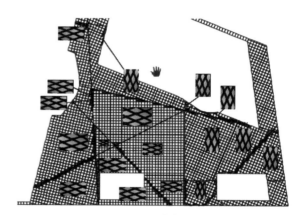

图 8-29 现场理论布孔方向

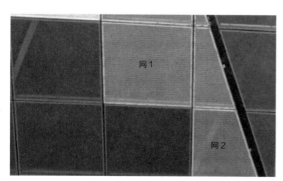

图 8-28 安装方向不一致导致色差

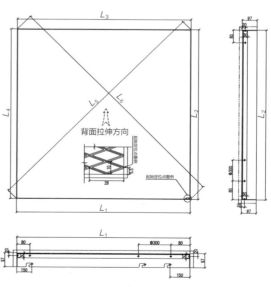

图 8-30 明确反光饰面朝向

8.6　小结

G 系统铝合金拉伸网幕墙相对比较简单，但是也出现了拉伸网下垂、有色差等问题。后经过研究，都得到了妥善解决。拉伸网的色差控制比较复杂，主要可以从以下 3 个方面入手：

（1）设计人员需要明确了解拉伸网不同安装方向对面板效果的影响，工艺图需要严格按照图纸摆放方向确定拉伸方向；工厂对于拉伸网正反方向做好标记。

（2）加工人员必须知晓拉伸网不同方向观察效果的差异，并严格按照加工图所示方向摆放，质检也需要对产品进行检查。

（3）现场安装应严格按编号图方向安装，不挪用、不调换方向。

以上这些都是拉伸网安装效果好坏的关键，也是在以后工程中需借鉴注意的。

9
CHAPTER
第 9 章
幕墙清洗系统

本项目为高层建筑，特点是幕墙类型较多，造型较为复杂，建筑女儿墙从地面沿着建筑轮廓渐变向上，最高点为49.90m。首层室外吊顶最高点为13.70m。

沿建筑物周边设置连续道路，屋顶为上人平台，屋顶平台上设置3个玻璃＋金属板气泡采光顶，屋顶平台垂直立面根据建筑室内功能分别设置全明框玻璃幕墙及不锈钢蜂窝板幕墙。内庭主入口位置为曲面造型玻璃＋金属板采光顶。室外吊顶采用铝合金张拉网及铝板系统。

根据项目外墙分布实际情况，并结合场地及景观布置，外墙清洗采用三种清洗措施结合的方式完成本项目清洗工作。清洗平面布置图如图9-1所示，各部位清洗方案如表9-1所示。

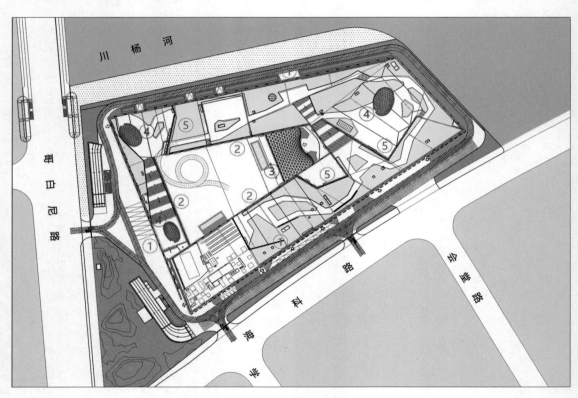

图9-1 清洗平面布置图

表9-1 各部位清洗方案

编号	清洗措施	清洗设备	使用部位
1	高空作业车清洗	50m 蜘蛛车＋垂直升降平台	外圈幕墙、内庭外立面、首层吊顶
2	蜘蛛人清洗	蜘蛛人清洗吊环＋临时支架	内圈 A1 系统和 A2 系统、西侧 D1 系统
3		侧装连续轨道	F 系统采光顶顶部
4		顶部支架＋安全绳系统	S 系统采光顶顶部
5	清洗杆清洗	清洗杆	上人屋面 10m 以下范围

9.1 高空作业车清洗

对于外圈立面、大斜面及吊顶这种设备容易进入、施工面也比较大的区域采用50m蜘蛛车 + 垂直升降平台（15m）清洗的方式，这种方式灵活、便利、安装性高。A1系统斜面采用50m蜘蛛车清洗如图9-2所示。

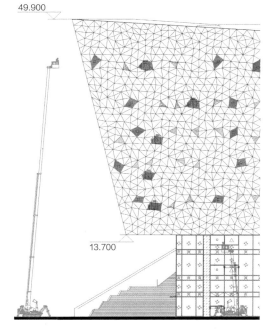

图 9-2 A1 系统斜面采用 50m 蜘蛛车清洗

9.2 蜘蛛人清洗

9.2.1 蜘蛛人清洗吊环和临时支架

内圈 A1 系统和 A2 系统立面离地高度为 10 ~ 32m，沿着女儿墙顶间隔 ≤ 2m 设置不锈钢连接板，清洗时将临时钢构件与不锈钢连接板有效连接，蜘蛛人工作绳及安全绳与支架吊环安全连接。每个支点允许一个人作业，不锈钢连接板每个点承受荷载按照 5kN 计算，确保蜘蛛人工作安全性，操作过程中安全绳必须与操作绳分开固定在邻近的独立钢架上。

西侧 D1 系统立面最高点为 15m，蜘蛛车及垂直升降平台无法到达并覆盖，因此在此范围内，屋面女儿墙内侧上人屋面平台可设置移动吊杆，采用蜘蛛人进行幕墙清洗。蜘蛛人清洗覆盖范围如图 9-3 所示。

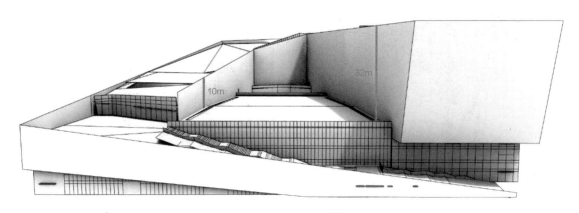

图 9-3 蜘蛛人清洗覆盖范围

清洗支座典型节点如图9-4所示，可移动吊杆清洗覆盖范围、可移动吊杆及蜘蛛人清洗如图9-5～图9-7所示。

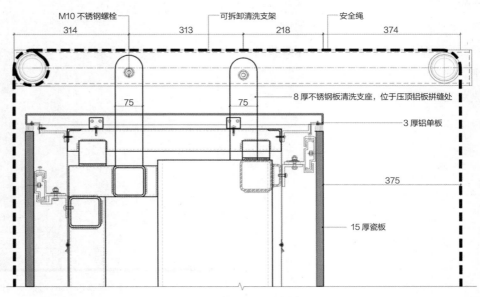

图 9-4 清洗支座典型节点

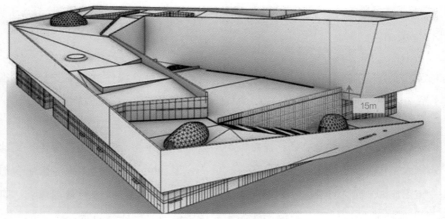

图 9-5 可移动吊杆清洗覆盖范围

图 9-6 可移动吊杆

图 9-7 蜘蛛人清洗

参数化幕墙的实践　上海张江科学会堂表皮解析与建造

9.2.2 侧装连续轨道

F系统采光顶顶部采用沿女儿墙设置的连续导轨,导轨固定点间隔≤1500mm,与土建反梁有效连接(图9-8)。导轨上设置固定锁扣,蜘蛛人工作绳及安全绳与导轨挂钩连接,操作过程中安全绳必须与操作绳分开固定在邻近的独立锁扣上。

采光顶立面幕墙采用蜘蛛车或者垂直升降平台清洗。F系统采光顶清洗方案如图9-9所示。

9.2.3 顶部支架和安全绳系统

S系统距离地面最高点为7.64m,结合气泡特殊曲面造型,分别在气泡面设置2或3道可上人不锈钢支架+安全绳清洗系统,支架布置位置避开全玻璃布置处,布置在不透明铝板处。S系统清洗相关示意图如图9-10~图9-13所示。

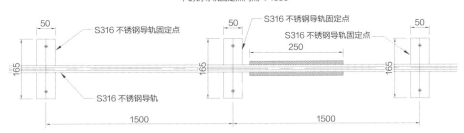

不锈钢导轨固定点间隔≤1500

图9-8 连续导轨锁扣布置示意图

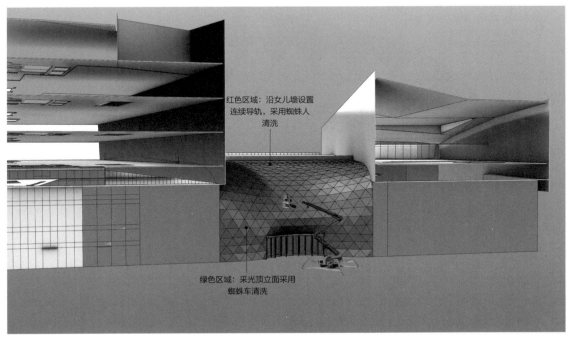

图9-9 F系统采光顶清洗方案

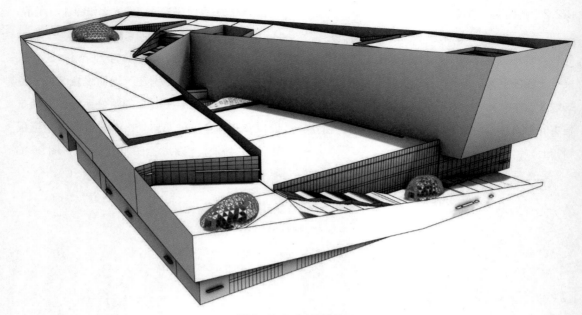

图 9-10 S 系统清洗范围

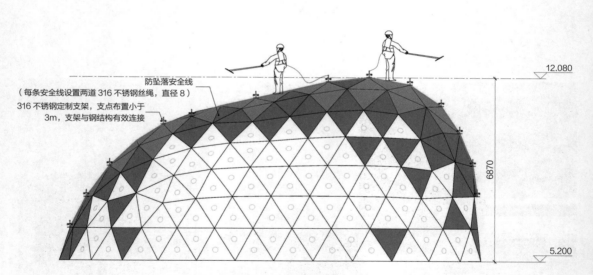

防坠落安全线
（每条安全线设置两道 316 不锈钢丝绳，直径 8）
316 不锈钢定制支架，支点布置小于
3m，支架与钢结构有效连接

12.080

6870

5.200

图 9-11 S 系统清洗示意图

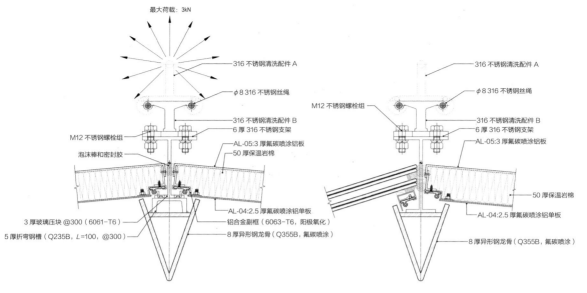

最大荷载：3kN

316 不锈钢清洗配件 A

φ8 316 不锈钢丝绳

M12 不锈钢螺栓组

316 不锈钢清洗配件 B

6 厚 316 不锈钢支架

AL-05:3 厚氟碳喷涂铝板

泡沫棒和密封胶

50 厚保温岩棉

3 厚玻璃压块 @300（6061-T6）

铝合金副框（6063-T6，阳极氧化）

5 厚折弯钢槽（Q235B，L=100，@300）

AL-04:2.5 厚氟碳喷涂铝单板

8 厚异形钢龙骨（Q355B，氟碳喷涂）

316 不锈钢清洗配件 A

φ8 316 不锈钢丝绳

M12 不锈钢螺栓组

316 不锈钢清洗配件 B

6 厚 316 不锈钢支架

AL-05:3 厚氟碳喷涂铝板

50 厚保温岩棉

AL-04:2.5 厚氟碳喷涂铝单板

8 厚异形钢龙骨（Q355B，氟碳喷涂）

图 9-12 S 系统清洗底座安装示意图

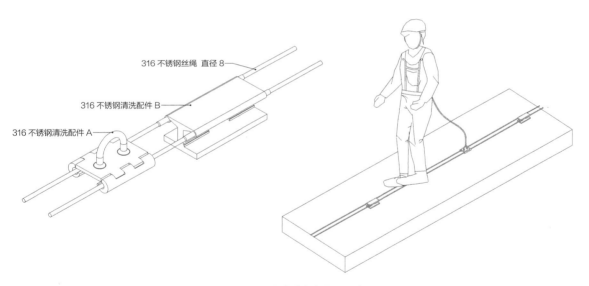

316 不锈钢丝绳 直径 8

316 不锈钢清洗配件 B

316 不锈钢清洗配件 A

图 9-13 S 系统清洗底座使用示意图

9.3　清洗杆清洗

　　对于上人屋面距离地面小于 10m 的幕墙立面，采用自动喷水清洗杆清洗，在上人屋面设置配套水管以满足清洗用水要求。清洗杆清洗范围如图 9-14 所示。

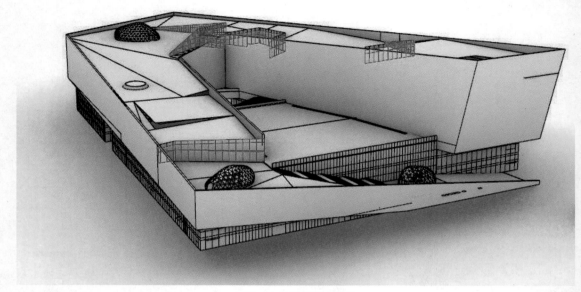

图 9-14 清洗杆清洗范围

9.4 小结

本项目的系统较多，造型较复杂，需要根据不同的系统和客观条件"因地制宜"地设置不同的清洗方案。合理的清洗方案不仅节约幕墙清洗的时间和成本，同时也能提升安全性。

10

CHAPTER

第 10 章

总结

本工程从 2021 年 4 月份开始进行第一榀定制钢骨架安装，至 2022 年 3 月份幕墙工作完成，总共历时 330 天。最高峰幕墙施工人员有将近 300 人，我司通过科学组织材料下单、采购，合理安排各种措施，有条不紊地组织人员进行施工作业。做到每个工作面都有材料进场，都有人员进行施工，特别是不同幕墙系统工作面交会处，提前将设计、施工的难点列出并找到解决方案，为保证质量、缩短工期创造条件。

由于本工程造型新颖，幕墙种类较多，大量新型材料和施工方法的运用给整个项目团队带来众多挑战。

本工程大量使用的新型材料包括非常规定制钢骨架、颜色众多的瓷板、三角形平开窗、蜂窝不锈钢板以及铝合金拉伸网吊顶等。

新的施工方法有定制钢骨架节点与杆件的拼接、曲面矩形定制钢骨架的安装以及配套胎架的搭设、气泡幕墙 A 字形定制钢骨架的安装、背栓瓷板的挂装以及三角窗的安装等。

为了将众多幕墙材料安全、保质、及时地安装到位，本工程中设计施工方采用了众多设备，高峰期同时在现场有各种型号的汽车起重机 10 台；各类曲臂车、剪刀车 30 辆；吊篮 150 部，主要为各类非标吊篮；搭设双排脚手架 18000m²，搭设满堂脚手架 14000m³。

现场施工场地有限，不同专业交叉施工对项目团队施工组织水平提出了更高的要求。通过公司各部门的全力协作、现场项目团队的共同努力，终于按期高质量地将此项目幕墙工程交付业主，安装效果和精度得到业主和设计师的肯定。

作为一个地标建筑，社会各方关注度高，各方面传递至施工现场的压力也很大。在本工程施工过程中，笔者也走了很多弯路，得到不少教训，是值得在以后的从业生涯中进一步深入思考的。

愿本书的内容能给幕墙行业提供一些借鉴和启发。

参数化幕墙的实践　上海张江科学会堂表皮解析与建造

参考文献
References

[1] 中华人民共和国国家标准. 钢结构设计标准 GB 50017—2017 [S]. 北京：中国建筑工业出版社，2018.

[2] 中华人民共和国国家标准. 钢结构通用规范 GB 55006—2021 [S]. 北京：中国建筑工业出版社，2018.

[3] 北京金土木软件技术有限公司，中国建筑标准设计研究院. SAP2000 中文版使用指南 [M]. 北京：人民交通出版社，2006.

[4] 上海市工程建设规范. 建筑幕墙工程技术标准 DG/TJ 08-56-2019 [S]. 上海：同济大学出版社，2020.

[5] 中华人民共和国行业标准. 空间网格结构技术规程 JGJ 7—2010 [S]. 北京：中国建筑工业出版社，2010.